René Steinmeier

Ein Beitrag zur Effizienzsteigerung von elektromechanischen Antrieben, basierend auf einem mathematischen Modell ferrofluidaler Strömungen

Ein Beitrag zur Effizienzsteigerung von elektromechanischen Antrieben, basierend auf einem mathematischen Modell ferrofluidaler Strömungen

René Steinmeier

Universitätsverlag Ilmenau
2021

Impressum

Bibliografische Information der Deutschen Nationalbibliothek
Die Deutsche Nationalbibliothek verzeichnet diese Publikation in der Deutschen Nationalbibliografie; detaillierte bibliografische Angaben sind im Internet über http://dnb.d-nb.de abrufbar.

Diese Arbeit hat der Fakultät für Maschinenbau der Technischen Universität Ilmenau als Dissertation vorgelegen.

Tag der Einreichung:	17. Juli 2020
1. Gutachter:	Universitätsprofessor Dr.-Ing. habil. Klaus Zimmermann (Technische Universität Ilmenau)
2. Gutachterin:	Prof. Dr. Vera A. Naletova (Lomonosov Moscow State University)
3. Gutachter:	Privatdozent Dr.-Ing. habil. Tom Ströhla (Technische Universität Ilmenau)
Tag der Verteidigung:	14. Dezember 2020

Technische Universität Ilmenau/Universitätsbibliothek
Universitätsverlag Ilmenau
Postfach 10 05 65
98684 Ilmenau
http://www.tu-ilmenau.de/universitaetsverlag

ISBN 978-3-86360-240-6 (Druckausgabe)
DOI 10.22032/dbt.48855
URN urn:nbn:de:gbv:ilm1-2020000732

Titelgrafik: Veit Henkel | Fakultät für Maschinenbau, TU Ilmenau

Inhaltsverzeichnis

Danksagung

Im Rahmen einer Kooperation zwischen der Technischen Universität Ilmenau und der Volkswagen AG entstand diese Dissertation. Die vorliegende Forschungsarbeit wurde durch das Promotions-Kolleg der Volkswagen AG gefördert und finanziell unterstützt.

Die Ergebnisse, Meinungen und Schlüsse dieser Dissertationsschrift sind nicht notwendigerweise die der Volkswagen AG.

Allen voran danke ich Professor Dr.-Ing. habil. Klaus Zimmermann für seine unermüdliche Unterstützung seit der ersten Sekunde an. Mit seinem Engagement, seiner Geduld und der Art und Weise seine Mitarbeiter zu führen, wird er stets mein Vorbild sein. Ganz herzlichen Dank für die Betreuung und Hilfestellung in fachlichen und privaten Belangen.

Ich danke den Mitarbeiterinnen und Mitarbeitern meines Doktorvaters für die freundliche und warmherzige Aufnahme am Institut und die konstruktiven fachlichen und überfachlichen Gespräche. Aus diesem genannten Kreis ganz besonders danken möchte ich Dr. Igor Zeidis für die vielen fachlichen Gespräche und Dr.-Ing. Philipp Schorr für die LaTex-Endformatierung.

Herrn Professor Dr.-Ing. habil. Andreas Möckel, seinem Team und insbesondere seinem Mitarbeiter Herrn Dr.-Ing. Tobias Heidrich danke ich für die Zurverfügungstellung des Motorprüfstandes und des Messequipments.

Prof. Minchenya und Dr. Lysenko aus Minsk haben mir während ihrer Aufenthalte an der TU Ilmenau die Möglichkeit gegeben, an ihren Forschungen zur Anwendung magnetorheologischer Flüssiglkeiten teilzuhaben.

In der letzten Phase der Promotion unterstützte mich Herr Dr.-Ing. habil. Marek Ziolkowski von der TU Ilmenau bei den FEM-Simulationen des Prototypmotors. Ich danke ihm sehr herzlich dafür.

Meinen ehemaligen und gegenwärtigen Abteilungsleitern, sowie meinen Kolleginnen und Kollegen möchte ich danken, dass sie mir während des Büroalltags den nötigen Freiraum zum Gelingen dieser Arbeit gelassen haben.

Kurzfassung

Der Gegenstand der Arbeit ist die Effizienzsteigerung von elektromechanischen Antrieben durch magnetisch kontrollierbare Fluide, basierend auf einem mathematischen Modell ferrofluidaler Strömungen unter Einbeziehung des Magnetfeldes und des Wärmestromes. Eine umfassende Analyse des Standes der Technik gibt einen Überblick über magnetische und rheologische Flüssigkeiten und zeigt die Anwendungsmöglichkeiten magnetisch kontrollierbarer Fluide. In Voruntersuchungen wird der kraftverstärkende Einfluss des Ferrofluids im Luftspalt eines Eisenkreises dargestellt und mittels des FEM-Simulationswerkzeuges COMSOL nachgebildet und berechnet. Der Schwerpunkt der Arbeit liegt auf der mathematisch-mechanischen Modellierung, bei der das Taylor-Couette-System die Basis bildet und die Navier-Stokes-Gleichungen das Strömungsverhalten im System beschreiben. Berechnungen zum Geschwindigkeitsfeld bei konstanter und variabler Viskosität werden durchgeführt und ein Temperaturmodell, angenähert an das Verhalten des Elektromotors, analytisch hergeleitet. Nach den theoretischen Untersuchungen am Taylor-Couette-Modell als Abstraktionsstufe für einen Elektromotor folgt die experimentelle Evaluierung am Prototyp einer ferrofluidunterstützten permanenterregten Synchronmaschine. Dem konstruktiven Entwicklungsprozess folgend, wird eine simulative Berechnung des Prototyps mit der FE-Software COMSOL durchgeführt. Die Messergebnisse zum Erwärmungs- und Dauerlauf werden detailliert dargestellt. Das Ferrofluid ist in diesem genannten Kontext ein effizienzsteigerndes Element.

Im letzten Teil der Arbeit wird eine innovative Entwicklung vorgestellt, bei dem, im Unterschied zu dem Antrieb aus den Kapiteln 3 und 4, eine magnetisch kontrollierbare rheologische Flüssigkeit ein funktionsbestimmendes Element ist. Die modellbasierte Untersuchung und die Prototypenbeschreibung sowohl eines rotatorischen, als auch translatorischen Antriebes schließen die Arbeit ab.

Abstract

This thesis discusses the approach of efficiency increase in electromechanical drive systems by magnetically controllable fluids, based on a mathematical model of ferrofluidic flows including the magnetic field and heat flow. A comprehensive analysis of the state of the art gives an overview of magnetic and rheological fluids and shows the application possibilities of magnetically controllable fluids. In preliminary investigations the force-enhancing influence of the ferrofluid in the air gap of an iron circuit is shown and simulated and calculated by means of the FEM simulation tool COMSOL. The focus of the work is on mathematical-mechanical modeling, in which the Taylor-Couette system forms the basis and the Navier-Stokes equations describe the flow behavior in the system. Calculations of the velocity field at constant and variable viscosity are performed and a temperature model analogous to the electric motor is derived analytically. The theoretical investigations on the Taylor-Couette model as an abstraction stage for an electric motor are followed by an experimental evaluation on the prototype of a ferrofluid-supported permanently excited synchronous machine. According to the design electric winding process, the sheet metal cut of the prototype is imported into COMSOL and simulated calculations are performed. The measurement results for heating and endurance run are presented in detail. Finally, an innovative prototype is presented in which, unlike the drives presented in chapters 3 and 4, a magnetically controllable rheological fluid is a function-determining element.

Abbildungsverzeichnis

Tabellenverzeichnis

Symbolverzeichnis

A	Beiwert
$\vec{B}$	Vektor der magnetischen Flussdichte
B_j	Komponenten des magnetischen Flussdichtevektors
C	Integrationskonstante, Beiwert
c	spezifische Wärmekapazität
d	Länge
e_{ij}	Komponenten des Deformationsratentensors
F	Kraft
F_i	Komponente des Volumenkraftvektors
g_{ij}	Komponenten des metrischen Tensors
H	magnetische Feldstärke
$\vec{H}$	Vektor der magnetischen Feldstärke
H_i	Komponenten des magnetischen Feldstärkevektors
k	Boltzmann-Konstante
M_S	Sättigungsmagnetisierung
m	magnetisches Moment
n	Anzahl
O	Verschwindungsoperator
p	Druck
p_{ij}	Komponente des Spannungstensors
p_{ij}^H	Komponenten des magnetischen Spannungstensors
q	Wärmestrom
R, r	Radius

(r, φ, z)	Zylinderkoordinaten
T	Temperatur
T_0	Temperatur bei 0°C
$T(r, t)$	Temperaturabhängigkeit vom Radius und der Zeit
t	Zeit
u_r, u_φ, u_z	Komponenten des Vektors $\vec{V}$
V	Volumen
V_P	Einzelpartikelvolumen
$\vec{V}$	Geschwindigkeitsvektor
V_i	Komponente des Geschwindigkeitsvektors
v	Geschwindigkeit
α, β, γ	Parameter
η	dynamische Viskosität
ε	kleiner Parameter
λ	Wärmeleitfähigkeit
μ	magnetische Permeabilität
μ_0	magnetische Permeabilität im Vakuum
μ_r	relative Permeabilität, Permeabilitätszahl
ω	Winkelgeschwindigkeit, Eigenkreisfrequenz
ν	Frequenz
π	Kreiszahl
φ	Rotationswinkel, Volumenkonzentration
ρ	Dichte
τ_{ij}	Komponenten des viskosen Spannungstensors
ζ	Langevin-Parameter
$*$	Kennzeichnung einer dimensionslosen Größe
∇_j	kovarianter Differenzierungsoperator

Abkürzungsverzeichnis

AG	Aktiengesellschaft
ASM	Asynchronmaschine
bzw.	beziehungsweise
CAD	computerunterstütztes Entwerfen (engl. Computer-Aided Design)
d. h.	das heißt
EMK	elektromotorische Kraft
EPS	elektrisches Lenksystem (engl. Electric Power Steering)
ERF	elektrorheologische Fluide
FE	Finite Elemente
FEM	Finite Elemente Methode
FF	Ferrofluid
FOC	feldorientierte Regelung (engl. Field Oriented Control)
KEP	Konstruktiver Entwicklungsprozess
konst.	konstant; nicht veränderlich
MAE	magneto-aktive Elastomere
MSE	magneto-sensitive Elastomere
MRF	magnetorheologische Flüssigkeit
NASA	National Aeronautics and Space Administration
o. g.	oben genannt
PKW	Personenkraftwagen
PMSM	Permanentmagnet Synchronmotor
u. a.	unter anderem; und andere
usw.	und so weiter
z. B.	zum Beispiel

1 Einleitung

Dieses Kapitel gibt eine Einleitung in das Dissertationsthema. Der Autor formuliert die Motivation für die Arbeit und nennt seine Zielstellung.

Der immer stärker in den gesellschaftlichen Fokus rückende Klimaschutz führt notwendigerweise auch zu großen Veränderungen in den Antriebstechnologien mobiler Systeme. Deren Spektrum reicht dabei vom radgetriebenen Landfahrzeug, über das Kreuzfahrtschiff bis zum Passagierflugzeug. Mit dem Begriff „Elektromobilität“ wird ein Lösungsansatz zur Minimierung der Abgasemissionen bei o.g. Fahrzeugen beschrieben. Damit wird der Elektromotor und die Erzeugung der für seine Funktion notwendigen Elektroenergie wieder verstärkt zum Forschungsgegenstand. Durch den gezielten Einsatz intelligenter Werkstoffe, sogenannter „smart materials“, in einem elektromechanischen Antrieb soll ein Beitrag zu dessen Effizienzsteigerung und Leistungsoptimierung geleistet werden. Magnetische Flüssigkeiten gehören zu dieser Kategorie smarter Materialien. In wenigen, ausgewählten Bereichen finden sie bereits erfolgreich ihre Anwendung. Magnetische Flüssigkeiten werden u.a. als Wellendichtung in Computerfestplatten, als Schwingungsdämpfer im Automobil und in Lautsprechern von Musikanlagen zur Wärmeableitung eingesetzt. In der Medizintechnik wurden die Anwendungsmöglichkeiten als Aktor bei Herzunterstützungssystemen erforscht.

Die vorliegende Arbeit greift das Thema der Effizienzsteigerung von Generatoren und Elektromotoren erneut auf. Mit Arbeiten vor allem von Nethe [52][53][54], aber auch von Bashtovoy [16][18][17], Redman [66], Judge [37] u.a. ist es ein Forschungsthema beginnend etwa mit den 1990er Jahren. Nachfolgender Untersuchungsgegenstand ist das Konzept eines feldbeeinflussenden Verfahrens zur Steigerung der Leistungsfähigkeit und die Simulation des Wärmetransports innerhalb eines Elektromotors. Ausgehend vom Modell des Taylor-Couette-Systems, als einem möglichen Abstraktionsniveau für den Elektromotor, wird der Weg von der modellgestützt-theoretischen bis zur experimentell-praktischen Untersuchung gezeigt. In Erweiterung und Fortführung vorangegangener Forschungen und Entwicklungen bilden dabei

- analytische und numerische Untersuchungen des Wärmestromes eines inkompressiblen Fluids mit Berücksichtigung des Dissipationsanteils in den Modellgleichungen und
- die Prototypentwicklung einer ferrofluidunterstützten permanenterregten Synchronmaschine

die Schwerpunkte dieser Arbeit.

1.1 Motivation

Elektroautomobile können die negativen Umweltfolgen des heutigen Straßenverkehrs vermindern, denn während ihres Betriebs stoßen sie *lokal keine klimaschädlichen* Gase wie Kohlendioxid (CO_2) oder Stickoxide (NO_x) aus. An der Effizienzsteigerung und Abgasminimierung von Verbrennungsmotoren wird auch weiterhin gearbeitet [11]. Die größten Investitionen setzt die Automobilindustrie aber im Bereich der Elektromobilität ein. Der Volkswagen-Konzern wird bis 2023 mehr als 30 Milliarden Euro für neue Elektroautos, inklusive der erforderlichen Produktionsanlagen, investieren [35]. Um die Elektroautos *vollständig klimaneutral* zu betreiben, muss deren Herstellungsprozess, sowie die Erzeugung und Bereitstellung ihrer Energieversorgung ebenfalls umweltfreundlich und aus erneuerbaren Energien erfolgen.
Es zeichnet sich somit ab, dass die Mobilität der Zukunft rein- oder mindestens teilelektrisch sein wird. Zukünftig werden mehr Fahrzeuge auf den Straßen weltweit zu sehen sein, die einen Elektroantrieb als Traktionsmaschine nutzen. In jedem Elektromotor befindet sich bauartbedingt ein Luftspalt zwischen Rotor und Stator. Der Luftspalt stellt für den magnetischen Fluss einen Widerstand dar und beeinflusst maßgeblich das Drehmoment des Motors. Mit Hilfe smarter Materialien und der Gestaltung des Luftspaltes kann ein Elektromotor vorteilhaft und aufgabenspezifisch ausgelegt

werden. Die Anwendungsmöglichkeiten derartig optimierter Elektromotoren sind vielfältig. Automobil- und Schiffbau können ebenso davon profitieren, wie die Aviatik. Elektrisch betriebene Flugzeuge benötigen kurzzeitig in bestimmten Betriebsphasen, insbesondere beim Start, leistungsfähige Antriebsmaschinen, die im späteren Regelbetrieb gedrosselt werden können. Somit macht eine Entwicklung von speziellen, nur kurzzeitig drehmomentstarken Elektromotoren durchaus Sinn.

Abbildung 1.1: Prototyp des E-FAN von Airbus [70]

In der Abbildung 1.1 ist das Flugzeug vom Typ „E-FAN" gezeigt, welches in Kooperation zwischen Airbus und Siemens entstanden ist und speziell für Regionalflüge entwickelt wurde. Dieses Luftfahrzeug wird ebenso wie seine Weiterentwicklung „E-FAN X" rein elektrisch mittels eines Elektromotors und Mantelpropellers angetrieben. Ein weiteres manntragendes Tragflächenflugzeug ist das solarbetriebene Flugzeugprojekt „Solar Impuls 2" der Schweizer Bertrand Piccard und André Borschberg, mit dem eine Weltumrundung in mehreren Etappen gelang. Die Abbildung 1.2 zeigt ein neuartiges Flugtaxi-Konzept „Pop.Up Next" in Zusammenarbeit von Audi, Airbus und Italdesign, welches ein selbstfahrendes Automobil mit einer autonom fliegenden Drohne kombiniert. Das daraus entstehende multimodale Fahrzeug ermöglicht die Personen- und Güterbeförderung auf der Straße oder in der Luft. Es muss dabei kein Fahrzeugwechsel während des Transportprozesses vollzogen werden.

Abbildung 1.2: Prototyp des „Pop.Up Next“ von Audi [7]

Heutige Fahrzeuge mit Verbrennerantriebstechnik, ganz gleich ob zu Land, zu Wasser oder in der Luft, werden im öffentlichen Diskurs immer öfter als „Klimakiller“ bezeichnet. Deshalb wird der Wunsch nach einem sauberen, vollelektrischen Beförderungsmittel größer. Das erfordert optimierte und leistungsstarke Elektromotoren in Transportsystemen. Der Autor möchte mit der vorliegenden Arbeit einen Beitrag zum Fortschreiten der Elektromobilität und zur Entwicklung leistungsoptimierter Elektromaschinen leisten.

1.2 Zielstellung

Das Ziel dieser Arbeit ist die modellbasierte Untersuchung und die Anwendung magnetischer Flüssigkeiten in elektromechanischen Antrieben zur Leistungsoptimierung, insbesondere durch eine verbesserte Wärmeabführung innerhalb des Aktors. Dabei wird eine magnetische Flüssigkeit in den Luftspalt eines Elektromotors eingebracht und dieser bezüglich seiner mechanischen (Performance) und thermischen (Wärmestrom) Eigenschaften optimiert. Ein mathematisches Modell, basierend auf den Navier-Stokes-Gleichungen, wird aufgestellt und an einem Taylor-Couette-System in Verbindung mit den Eigenschaften magnetischer Flüssigkeiten untersucht. Das Ziel sind somit modellbasierte Aussagen zur Wärmeabführung im Elektromotor mit einer magnetischen Flüssigkeit im Luftspalt. Analytische Betrachtungen und computergestützte Simulationen werden gleichermaßen durchgeführt. Mit der Absicht der Ergebnisvalidierung dieser aus der Theorie gewonnenen Resultate werden in der Arbeit experimentelle Untersuchungen realisiert. Mit dem aufgebauten Prototyp wird zugleich der funktionelle Nachweis des Elektromotors mit ferrofluidgefülltem Luftspalt geführt. Nach einer abschließenden Analyse und Bewertung der Ergebnisse werden die Anwendungsmöglichkeiten ferrofluid-unterstützter Elektromotoren diskutiert.

1.3 Aufbau der Arbeit

Die vorliegende Arbeit ist in sieben Kapitel gegliedert. In Kapitel 1 wird eine Einführung gegeben, dabei das Themengebiet der Dissertation eingegrenzt und die Zielstellung formuliert. Aufbauend auf das Kapitel 1 und den Stand der Technik in Kapitel 2 wird das Dissertationsthema unmittelbar beginnend mit dem Abschnitt 3 „Modellbildung und Simulation des Motorverhaltens“ bearbeitet. Der Temperaturverlauf und der Wärmestrom innerhalb eines Taylor-Couette-Systems für unterschiedliche Abhängigkeiten der Viskosität von der Temperatur und vom Magnetfeld werden diskutiert. Als experimenteller Prototyp zum Funktionsnachweis und als Validierungsobjekt wird im Kapitel 4 eine permanenterregte Synchronmaschine anhand des konstruktiven Aufbaus und mit Messergebnissen ausführlich dargestellt. Die Abschnitte 3 bis 5 bilden gemeinsam den inhaltlichen Schwerpunkt der Arbeit. Eine Zusammenfassung der Ergebnisse und einen Ausblick enthält das letzte Kapitel 6.

2 Stand der Technik

Ziel dieses Kapitels ist es, den Stand der Technik zum Dissertationsgegenstand in Verbindung mit werkstofftechnischen Grundlagen magnetisch kontrollierbarer Medien zu reflektieren. Es werden deren Eigenschaften und Herstellungsverfahren erläutert und elektromechanische Antriebssysteme als etwaige Anwendungsmöglichkeit dargestellt. Eigene Experimente und darauf aufbauende Messungen derartiger Werkstoffe sind Gegenstand dieses Kapitels der Arbeit.

2.1 Magnetische Flüssigkeiten

Magnetische Flüssigkeiten sind seit mehreren Jahrzehnten bekannt. Schon vor über 100 Jahren wurden Flüssigkeiten durch das Hinzufügen von Eisenspänen magnetische Eigenschaft verliehen.

Im Jahr 1965 entwickelte der Amerikaner PAPELL für die NASA einen in der Schwerelosigkeit transportierbaren Raketentreibstoff. Für dessen Transport wurde kein mechanisches Pumpensystem verwendet, sondern es wurden magnetfeldinduzierte Kräfte genutzt. Er löste somit eines der großen Probleme der Raumfahrt [61]. ROSENSWEIG publizierte 1985 eines der ersten Lehrbücher zum Thema Ferrohydrodynamik [68]. Im russischen Sprachraum wurden von BASHTOVOY [12], SHLIOMIS [75], RAIKHER [48], NALETOVA [51] u.a. vor allem im Bereich der Modellierung von magnetischen Flüssigkeiten zahlreiche Arbeiten beginnend mit den 1970er Jahren publiziert. In Deutschland wurde zu Beginn der 1980er Jahre die Forschung zur Thematik u.a. von STIERSTADT [86], REHBERG [47] und LÜCKE [55] vorangetrieben. Ab Mitte der 1990er Jahre organisierte und inspirierte ODENBACH [56][57][58] eine Wissenschaftlergemeinschaft in Deutschland zur Thematik magnetisch kontrollierbarer Flüssigkeiten.

In diesem Kreis kooperieren *(1)* physikalisch bzw. experimentell-messtechnisch orientierte Wissenschaftler, *(2)* auf Synthese von Nanopartikeln und Suspensionen orientierte Forscher und *(3)* auf Applikationen magnetischer Flüssigkeiten ausgerichtete Ingenieure. Vertreter der jeweiligen Richtungen mit Bezug zum Dissertationsinhalt und im historischen Kontext sind nachfolgend mit ausgewählten Arbeiten aufgeführt.

(1) STIERSTADT-Viskosität von Ferrofluiden [9], PLEINER-Konvektion in Ferrofluiden [69], ODENBACH-Magnetoviskoser Effekt [59][42], HOLM-Physikalische Struktur von Ferrofluiden [32]

(2) BUSKE, MATOUSSEVITCH-Partikelherstellung [28] [22], SCHMIDT-Stabilität magnetischer Nanopartikeln [26], DUTZ-Partikelsynthese für die Medizin [15]

(3) NETHE-Ferrofluidunterstützte Aktoren [54], UHLMANN-Ferrofluide in Tribosystemen [81], ZIMMERMANN-Lokomotionssysteme basierend auf Ferrofluiden [95]

Die rasante Entwicklung in der Mikro- und Nanotechnik hat dazu geführt, dass die verfügbaren magnetischen Nanopartikel als Basis für die Produktion von 'smart fluids' mittlerweile eine Größe unter 10 nm besitzen. Insbesondere lassen sich mit heutigen Synthesetechnologien sehr regelmäßige Partikel bezüglich Form und Größe herstellen.

2.1.1 Ferrofluide

Ferrofluide sind stabile kolloidale Suspensionen, die in einer Trägerflüssigkeit homogen dispergiert sind. Fluide dieser Art weisen, wie Metalle, magnetische Eigenschaften auf und können durch Dauer- oder Elektromagnete angezogen werden. Makroskopische Metalle, die bei Raumtemperatur als Feststoff angesehen werden können, verlieren jedoch oberhalb der CURIE-Temperatur[1], die wiederum unterhalb des Materialschmelzpunktes liegt, eben diese Eigenschaft. Insofern handelt es sich bei Ferrofluiden, die bei Raumtemperatur flüssig sind, um mehrphasige Systeme. Ferrofluide

[1] Die CURIE-Temperatur ist materialspezifisch (bei Eisen 769 °C) und markiert den Phasenübergang eines Materials, bei dem die Probe unterhalb dieser Temperatur ferromagnetische und oberhalb paramagnetische Eigenschaften besitzt.

bestehen aus einer dispersen oder inneren Phase, den Nanopartikeln oder den sogenannten Kolloiden, und einem Dispersionsmedium bzw. einer äußeren Phase, die als Trägerflüssigkeit bezeichnet wird. Disperse Systeme mit überwiegend identischer Teilchengröße der Kolloide werden als monodispers bzw. isodispers, Systeme mit unterschiedlicher Teilchengröße als polydispers bezeichnet. Um einer Sedimentation im Gravitationsfeld sowie eine Agglomeration in starken Magnetfeldern entgegenzuwirken, werden die kolloidalen Nanopartikel mit einer polaren Tensidschicht umhüllt, siehe Abbildung 2.1.

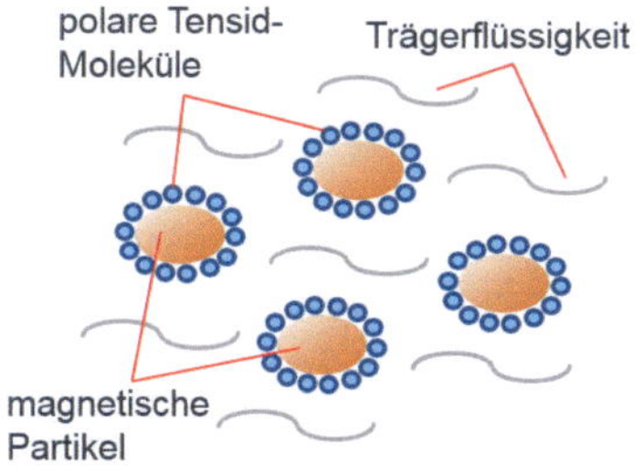

Abbildung 2.1: Ferrofluid (Darstellung nach [52], adaptiert)

Die tensidbeschichteten Nanopartikel der Ferrofluide bestehen meist aus Magnetit, können aber auch aus einer Eisen-Zink-Legierung oder Cobalt hergestellt werden. Ihre Größe beträgt ca. 10 nm. Qualitativ hochwertige Ferrofluide haben Partikel von einheitlicher Form und Größe.

Bei der Herstellung von Partikeln für Ferrofluide spielt die Sicherung der Stabilität der Nanopartikel (d.h. deren Oxidationsvermeidung) eine zentrale Rolle. Sie ist für die Anwendung des gesamten Ferrofluids von großer Bedeutung. Die für das Ferrofluid notwendigen Nanopartikel können u.a. durch Zermahlen hergestellt werden. Die Herstellungszeit bei diesem Verfahren kann von einigen wenigen Tagen bis zu 10 Wochen und mehr dauern. Zur Herstellung des Nanopulvers kann ein beliebiges ferromagnetisches Material verwendet werden. Hinzugefügte Stahlkugeln können den Mahlprozess in der Mühle beschleunigen. Nachteilig ist, dass der Abrieb der Stahlkugeln das Nanopulver, beispielsweise aus Magnetit oder Kobalt als Basismaterial, verunreinigt.

Weiterhin lassen sich durch diesen Herstellungsprozess in der Regel nur Nanoteilchen in der Größenordnung von bis zu 60 nm herstellen, weshalb diese Methode nur noch selten angewendet wird. Eine weitere Methode, die u.a. zur Herstellung von Eisenteilchen angewendet wird, ist die Kondensation, bei der das Basismaterial verdampft wird. Bei diesem Verfahren zeigt sich eine Ungleichheit der einzelnen Nanopartikel. Es kommt zu Abweichungen von der Kugelform. Darüber hinaus sind die Eisenteilchen gegenüber Oxidation beispielsweise mit Gold zu umhüllen. Ein ähnliches Verfahren ist die elektrolytische Gewinnung von Nanopartikeln, die sich an einer Elektrode ansammeln. Durch Rotation der Elektrode können die Partikel gewonnen und mittels der kontrollierbaren Rotationsgeschwindigkeit in ihrer Größe variiert werden. In [68] und [17] wird detailliert auf weitere Herstellungsverfahren eingegangen.

2.1.2 Eigene Voruntersuchung zur Charakterisierung von Ferrofluiden

Um erste Abschätzungen bezüglich des Einflusses eines Ferrofluids im Luftspalt eines magnetischen Kreises formulieren zu können, wurde ein Basisexperiment aufgebaut (siehe Abbildung 2.2). Zwei U-Eisenkerne stehen sich gegenüber, wobei das untere U-Joch ortsfest und somit unbeweglich ist. Auf dem Joch befinden sich zwei stromdurchflossene Spulen. Das obere U-Joch wurde mit einer Kraftmessdose verbunden. Zwischen beiden U-Eisenkernen wird eine definierte Luftspaltlänge variabel eingestellt. Ein Auffangbehälter umschließt den Luftspalt und beinhaltet das Ferrofluid mit veränderlicher Füllhöhe. Die Anziehungskraft der zwei sich gegenüberstehenden U-Eisenkerne wird messtechnisch erfasst. Der Füllstand des Ferrofluids im Luftspalt variiert zwischen 0 mm und 20 mm, der Spulenstrom wird in 1A-Schritten eingestellt. Das für diesen Versuch verwendete Ferrofluid ist ein EFH3 von der Firma Ferrotec. Die Abbildung 2.3 zeigt, dass bei einem durch ein Ferrofluid 100% befüllten Luftspalt (Füllhöhe $h = 20$ mm) Verdopplung der Anziehungskraft eintritt.

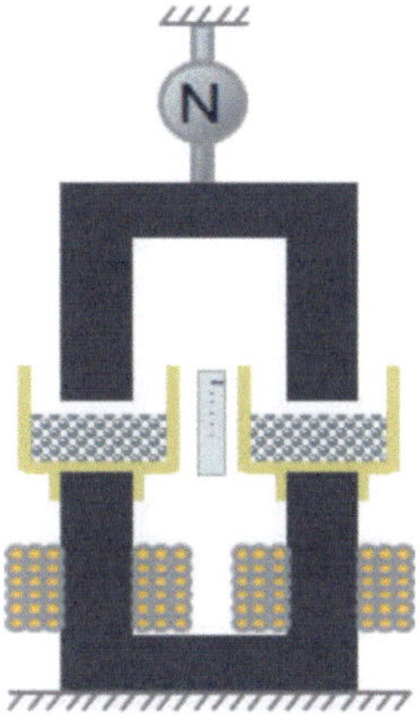

Abbildung 2.2: Versuchsaufbau zur Charakterisierung der kraftverstärkenden Wirkung von Ferrofluiden

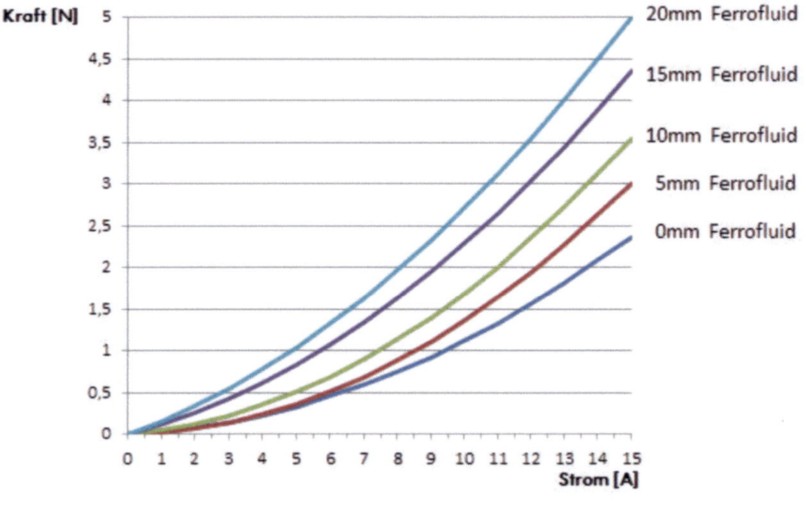

Abbildung 2.3: Messung der Anziehungskraft eines Elektromagneten mit Ferrofluid im Luftspalt

Zum Vergleich von experimentellen und numerischen Ergebnissen wird das multiphysikalische FEM-Simulationsprogramm COMSOL Multiphysics genutzt, siehe auch Kapitel 4. Als Luftspalt werden 2 mm definiert. Dies ist der Wert bei dem im Kapitel 4 untersuchten Prototyp der permanenterregten Synchronmaschine. Die Vernetzung ist in Abbildung 2.4 dargestellt. Sie ist im Luftspalt sehr fein gewählt.

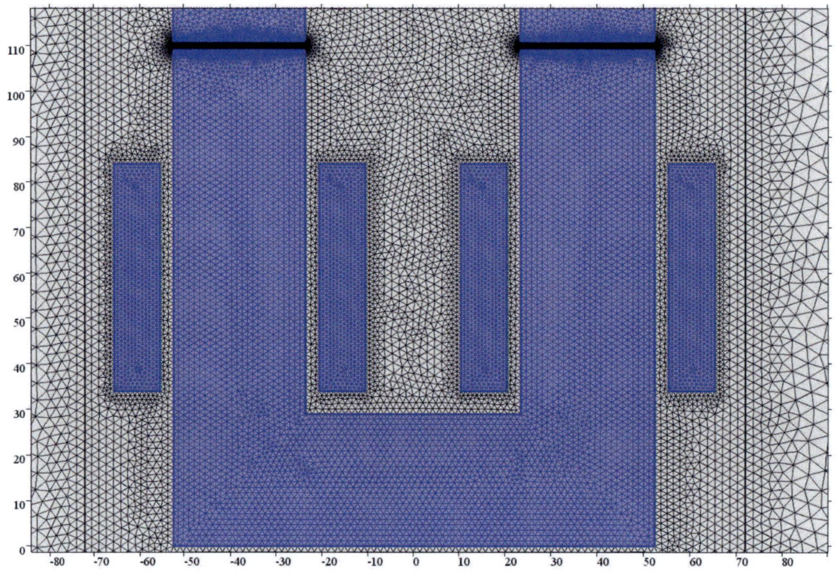

Abbildung 2.4: Darstellung der Vernetzung im Finite-Elemente-Modell

Eine Charakterisierung des sich einstellenden Magnetfeld bei einem Spulenstrom von $I = 2$ A lässt sich anhand der Abbildung 2.5 vornehmen. Im Bild 2.6 ist die Situation im Luftspalt für Ströme von $I = 2$ A und $I = 15$ A in vergrößerter Form gezeigt. Die Abbildung 2.7 zeigt schließlich das Messergebnis, verglichen mit den Simulationsergebnissen für einen Luftspalt mit und ohne Ferrofluid. Man erkennt, dass mittels Ferrofluid eine sichtbare Vergrößerung der Anziehungskraft erreicht wird. Schon bei einem Spulenstrom von etwa $I = 8$ A wird eine Verdopplung der Kraft erreicht.

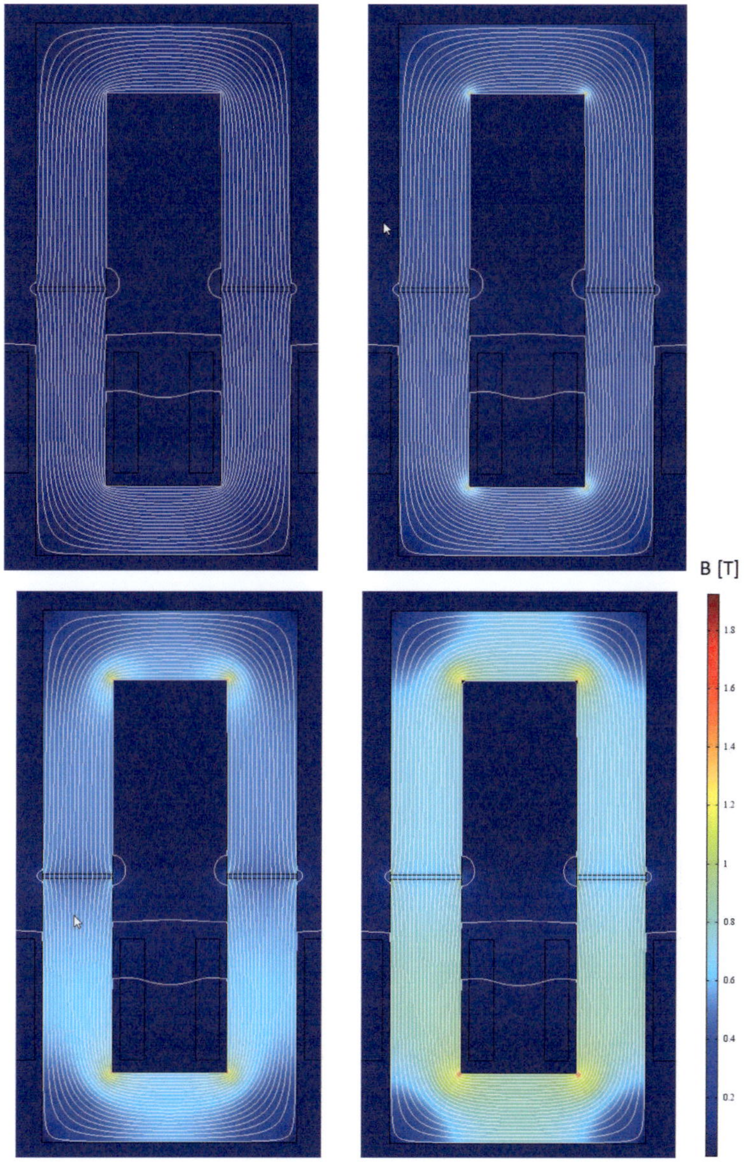

Abbildung 2.5: Magnetische Flussdichte und Feldliniendarstellung für die Spulenströme von $I = 2$; 7 ; 11 ; 15 A (von links oben nach rechts unten)

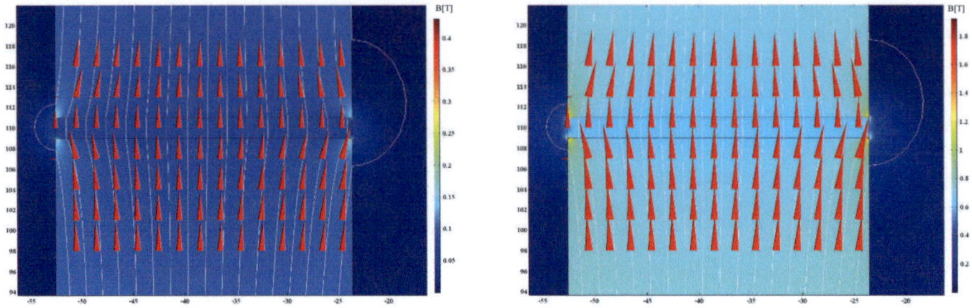

Abbildung 2.6: Simulationsergebnisse zur magnetischen Flussdichte im Luftspalt bei $I = 2$ A (links) und $I = 15$ A (rechts)

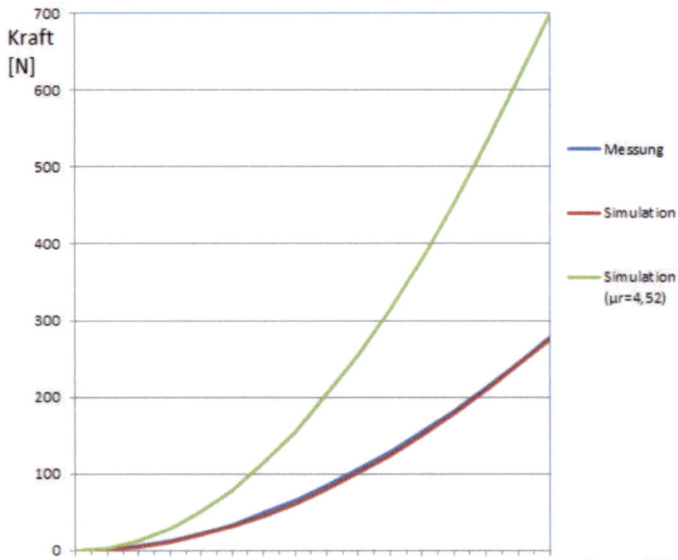

Abbildung 2.7: Vergleich von Messung und Simulation für einen Luftspalt von $h = 2$ mm

2.1.3 Rheologische Fluide

Eine weitere Klasse von magnetischen Flüssigkeiten sind die magnetorheologischen und elektrorheologischen Fluide (MRF, ERF) [89], [49]. Die Besonderheit dieser rheologischen Fluide ist, dass sie im magnetischen oder elektrischen Feld stufenlos ihre Viskosität von niedrigviskos (vergleichbar mit Wasser) zu hochviskos (Honig) verändern können. Wie die Ferrofluide sind auch die magnetorheologischen bzw. elektrorheologischen Fluide zweiphasig. Sie können aus derselben Trägerflüssigkeit und den gleichen metallischen Partikeln bestehen. Lediglich die Partikeldimension liegt im Bereich von einigen Mikrometern, ist also deutlich größer als bei Ferrofluiden. Aufgrund dieser Größe der Metallteilchen und der Brownschen Molekularbewegung entsteht der für Anwendungen nachteilige Effekt, dass sich die Partikel bei längerer Standzeit des Fluids am Boden des Behälters absetzen, d.h. sie sedimentieren oder sie agglomerieren sogar [96].

2.2 Anwendungen magnetisch kontrollierbarer Flüssigkeiten

Die Anwendungsbereiche der Ferrofluide sind vielfältig. Nachfolgend wird ein Überblick mit entsprechenden Publikationsverweisen gegeben, siehe Tabelle 2.1. Im Zusammenhang mit dem im Kapitel 4 betrachteten Untersuchungsgegenstand und dem fachlichen Hintergrund des Autors wird nachfolgend auf zwei der o.g. Anwendungen ausführlicher eingegangen. Für den ferrofluidgefüllten Synchronmotor spielt die Abdichtung eine zentrale Rolle, weshalb das Applikationsfeld 'Dichtung' hervorgehoben wird. Es zählt zu den verbreitetsten Anwendungen der Ferrofluide. Neben Anwendungen im klassischen Maschinenbau wird eine magnetische Dichtung auch in Festplatten [50] eingesetzt. Derartige Fluiddichtungen sind u.a. gekennzeichnet durch einen geringen Verschleiß bzw. eine geringe Reibung. Sie verhindern das Eindringen von Schmutz und Staub. Die Abbildung 2.8 zeigt bei einer nicht ferromagnetischen Welle eine mögliche Anordnung der Ferrofluiddichtung. Ist die zu lagernde Welle aus ferromagnetischem Material, zeigt Abbildung 2.9 eine Anordnung der Ferrofluiddichtung.

Dichtung:	Ein Ringmagnet positioniert um eine rotierende Welle hält das Ferrofluid in diesem Bereich fest und dichtet die Welle zuverlässig ab (Motorwellen z.B. von PC-Festplatten, Luft- und Raumfahrt). [43]
Schmierung:	Ferrofluide mit ölbasierter Trägerflüssigkeit können entsprechend positioniert werden und dienen gleichzeitig der Schmierung. [88]
Pumpen:	Ferrofluide, als zu pumpendes Medium, ermöglichen Pumpenkonzepte ohne mechanisch rotierende Pumpenkomponenten. [30]
Medizin und Biomechanik:	Zur hyperthermischen Behandlung von Krebszellen, als Kontrastmedium bei der Computertomographie oder bei entsprechender Tensidbeschichtung zur Behandlung von Tumorgewebe. In der Biomechanik werden magnetische Fluids auch als Dämpfer in Prothesen eingesetzt [62]
Dämpfung:	Einbringung des Ferrofluids als viskoses Material in den Bereich der Schwingspule eines Lautsprechers oder als Stoßdämpfer [90], [29], [23].
Wärmeableitung:	Im Bereich des Luftspaltes eines Lautsprechers (Schwingspule) ist die Wärmeableitung mit einem Ferrofluid gegenüber Luft stärker. [27], [73]
Stofftransport:	Betrachtung des magnetfeldinduzierten, peristaltischen Materialtransportes eines Ferrofluids [64]
Sensorik:	Mittels Lichtquelle und entsprechender Optik fungiert ein Dünnschicht-Ferrofluidelement als Magnetfeldsensor [52] oder als künstlicher taktiler Sensor auf Basis eines Ferrofluids. [84]

Tabelle 2.1: Auswahl von Anwendungen magnetisch kontrollierbarer Flüssigkeiten

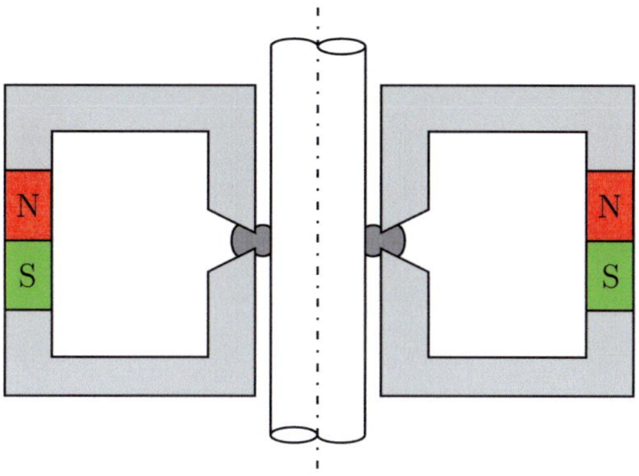

Abbildung 2.8: Ferrofluid-Dichtung mit nicht ferromagnetischer Welle

Eine weitere Möglichkeit besteht darin die Welle selbst alternierend zu magnetisieren. Die Lagerschale ist dann bei diesem Konzept aus nicht magnetischen Material.

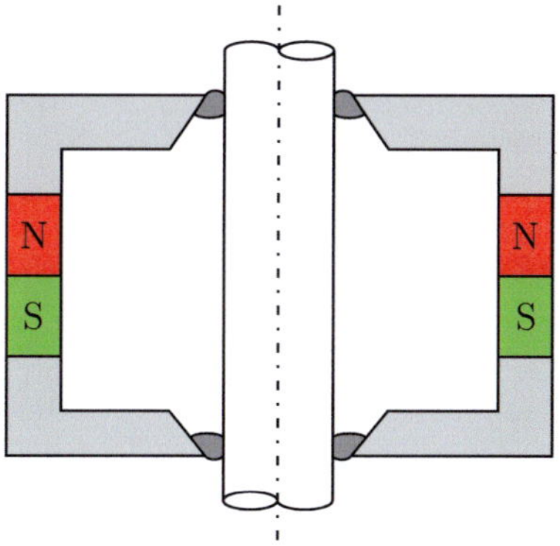

Abbildung 2.9: Ferrofluid-Dichtung mit ferromagnetischer Welle

Im Automobilbau werden magnetorheologische Fluide, deren Viskosität wie ausgeführt magnetisch kontrollierbar ist, in Stoßdämpfern eingesetzt. Beim PKW-Hersteller Audi wird damit die Fahrwerkseinstellung von 'komfortabel' bis 'sportlich' regelbar gemacht. Das Dämpfersystem trägt die Bezeichnung 'Magnetic Ride', siehe Abbildung 2.10. Anstelle einer üblichen Dämpferflüssigkeit zwischen Kolben und Zylinder wird das System mit einem magnetorheologischen Fluid befüllt. Der bisherige Durchlass mit konstanter Öffnung wird bei einem MRF-Dämpfer mit einer Spule versehen, wodurch das MRF strömt. Abhängig vom Fahrerwunsch kann der Dämpfer stufenlos in seinen dämpfenden Eigenschaften eingestellt werden. Die Arbeiten [40], [33], [76] stellen Anwendungen zum Themenkreis vor.

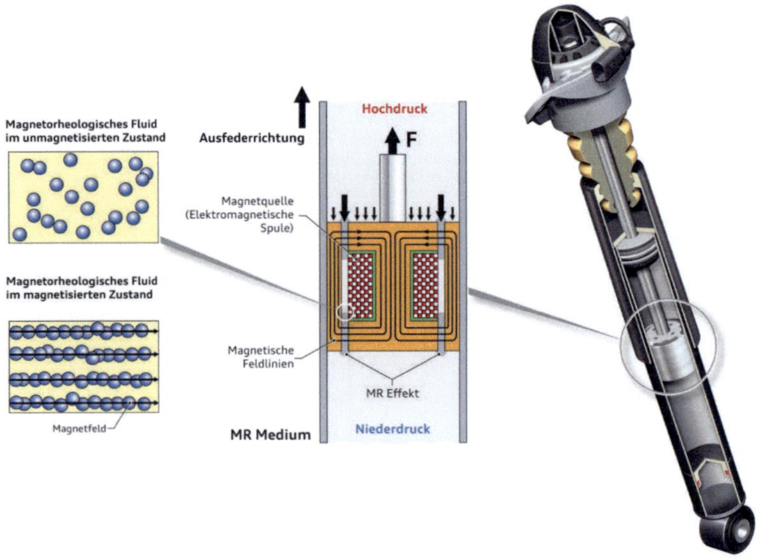

Abbildung 2.10: Magnetic-Ride-System der Audi AG, [4]

Dämpfersysteme mit variablen Dämpfereigenschaften haben ein breites Anwendungsfeld und können beispielsweise auch in der Medizintechnik eingesetzt werden [62]. Intelligente Prothetik in Verbindung mit smarten Dämpfersystemen unterstützen Patienten im Alltag und tilgen starke Schwingungen und ruckartige Stöße, beispielsweise bei Beinprothesen. In [65] werden solche Systeme ausführlich dargestellt.

2.3 Magneto-sensitive Elastomere

Auch magneto-sensitive oder magneto-aktive Elastomere (MSE, MAE) [85] gehören in die Klasse der intelligenten Materialien. Zur Komplettierung der Anwendungsfelder magnetisch kontrollierbarer Medien seien sie kurz genannt, ohne selbst nachfolgend Untersuchungsgegenstand zu sein. MSE bestehen aus mikro- oder nanoskaligen hart- oder weichmagnetischen Partikeln, die in einer elastischen Polymermatrix eingebunden sind. Unter dem Einfluss eines äußeren Magnetfeldes kann die mechanische Struktur dieses Komposits in Abhängigkeit der magnetischen Flussdichte gesteuert werden. Diese Eigenschaft bietet die Möglichkeit der Realisierung von adaptiven sensorischen und aktorischen Konzepten [24]. Arbeiten wie [93] untersuchten die Mechanik der terrestrischen Fortbewegung von mobilen Systemen basieren auf Ferrofluiden und MSE. Die Abbildung 2.11 zeigt eine kaskadierte Spulenanordnung. Durch eine festgelegte zeitliche Reihenfolge der Spulenbestromung kann der abgebildete MSE-'Wurm' bewegt werden. Weitere Anwendungsmöglichkeiten von magneto-sensitiven Elastomeren werden u.a. in den Arbeiten [14], [39] dargestellt.

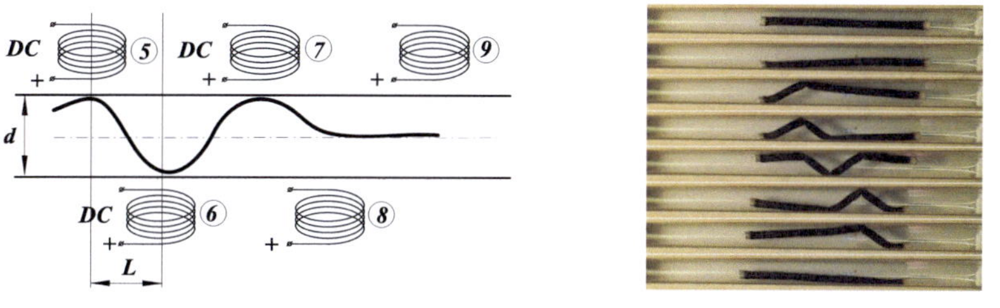

Abbildung 2.11: MSE-Lokomotionssystem in einem Spulenarray [92]

Bemerkung: Der Autor betont, dass der obige Stand der Technik im rasant sich entwickelnden Gebiet der 'smart materials' nur einen Ausschnitt darstellen kann. Er ist kontextbezogenen und mit eigenen Vorarbeiten versehen. Insbesondere die gut illustrierte und oft zitierte Arbeit [65] zeigt, wie trotz umfassender Recherche, eine ganzheitliche Übersicht zum Stand der Technik von magnetisch kontrollierbaren Materialien und ihren Applikationen nur schwer gelingt. Viele wichtige grundlagenorientierte und applikative Arbeiten aus dem mittel- und osteuropäischen Raum, vor allem auch älteren Datums (siehe Abschnitt 2.1) fehlen in der Arbeit von RAJU.

2.4 Elektrische Antriebe

Seit über hundert Jahren werden elektrische Antriebe im privaten und industriellen Bereich für unterschiedliche Aufgaben eingesetzt. Vom Autor besonders betont wird dabei die Nutzung von Elektromotoren zur Personen- und Güterbeförderung. Mit der Entwicklung des Gleichstromgenerators und dem, durch Invertierung seines Wirkprinzips entstandenen Gleichstrommotor begann der Durchbruch der elektrischen Antriebe, siehe Abbildung 2.12.

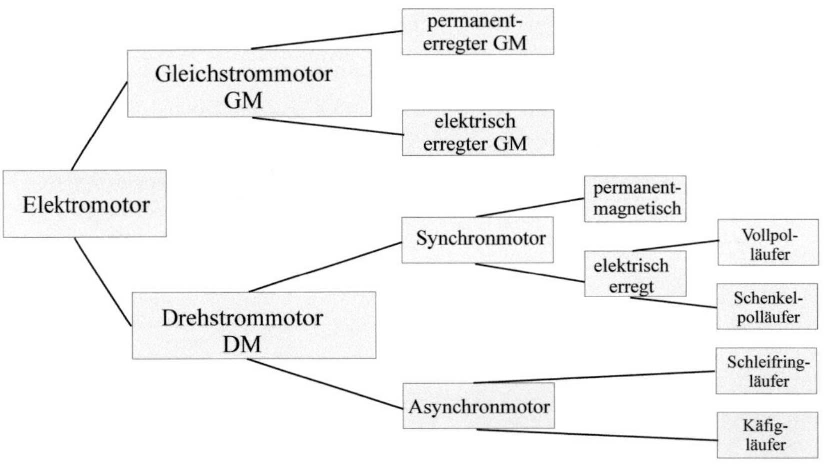

Abbildung 2.12: Einteilung elektrischer Antriebe

Elektromotoren bestehen aus einem ortsfesten Stator oder Ständer und einem sich bewegenden Rotor, der auch Läufer genannt wird. Konstruktiv bedingt befindet sich zwischen Rotor und Stator ein Luftspalt, der eine Drehung des Rotors ermöglicht. Die technische Ausführung des Rotors, ob als Käfigläufer, fremd- oder permanenterregt, ist abhängig vom gewählten Motortyp. Zu Beginn der elektrischen Energieversorgung stieß das Gleichstromversorgungsnetz schnell an seine Grenzen. Deshalb wurde es um das Wechselstrom- und später um das Drehstromnetz erweitert. Auf diese Entwicklung wurde in der Antriebstechnik mit der Konstruktion von Drehstrom- oder Dreiphasen-Wechselstrommotoren reagiert. Im Fokus steht besonders der Drehstrom-Asynchronmotor, der für seinen Betrieb drei gleichgroße und um jeweils 120° phasenverschobene Wechselströme benötigt. Der Asynchronmotor hat Vorteile vor allem durch seinen robusten und einfachen Aufbau. Ursprünglich wurde er zunächst dort eingesetzt, wo die Betriebsdrehzahl nicht variiert werden musste, d.h. nahezu konstant blieb. Durch die kontinuierliche Entwicklung von Frequenzumrichtern in Halbleiterbauelementtechnik ist es möglich geworden, den Asynchronmotor auch wirtschaftlich mit variabler Frequenz zu betreiben.

Ebenfalls zur Klasse der Wechselstrom- bzw. Drehstrommotoren gehört der Synchronmotor. Beim Synchronmotor folgt ein konstant magnetisierter Läufer dem äußeren elektrischen Drehfeld des Stators. Das durch elektromagnetische Fremderregung im Läufer erzeugte Feld kann mit einer Läuferspule, die über Schleifringe bestromt wird, erzeugt werden. Bei einer weiteren Variante wird mittels Selbsterregung durch im Rotor eingebundenen Dauermagnete gearbeitet [36]. Synchronmaschinen dieser Art werden als 'Permanenterregte Synchronmotoren' bzw. kurz 'Permanentmagnet Synchronmotor'(PMSM) bezeichnet. Ihr Vorteil ist der Entfall der Schleifringe (Bürsten) und der damit reduzierte Verschleiß und Wartungsaufwand. Der Autor betrachtet in dieser Arbeit ausschließlich diese permanenterregte Synchronmaschine, die exemplarisch in der Abbildung 2.13 gezeigt wird.

Die Baugröße elektrischer Antriebe reicht von Kleinstantrieben bis hin zu großen Traktionsmotoren (oder Generatoren in Kraftwerken) für die unterschiedlichsten Anwendungsbereiche. Bezogen auf das Automobil sind die Anwendungsbereiche vielfältig. Die Elektrifizierung des Kraftfahrzeugs bzw. die Elektromobilität und insbesondere die Komfortelektronik (elektrische Fensterheber, Scheibenwischer, elektrische Sitzverstellung, Lordose-Massagefunktion, Lüftermotoren usw.) tragen dazu bei [72]. Ein rotatorischer MRF-Aktor, der für die automatische Türöffnung geeignet ist, wird in [87] vorgestellt.

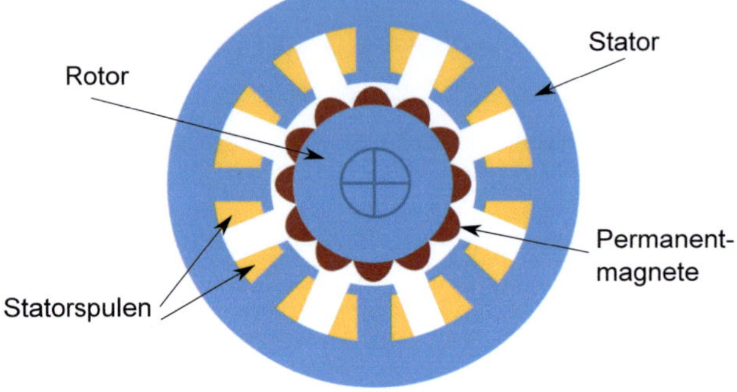

Abbildung 2.13: Permanenterregter Synchronmotor

Abbildung 2.14 zeigt eine Übersicht möglicher Einsatzzwecke von elektrischen Antrieben der unterschiedlichsten Leistungsklassen im Automobil.

Abbildung 2.14: Auswahl von Elektromotoren im PKW (Darstellung nach [3], adaptiert)

Am Beispiel der elektromechanischen Lenkung findet der untersuchte Motorentyp einer permanenterregten Synchronmschine seine Anwendung. Das elektrische Lenksystem (EPS, Electric Power Steering) ist der Nachfolger des hydraulischen Lenksystems und hat dieses in den letzten Jahren bereits größtenteils abgelöst. Es bildet die Schnittstelle zwischen Fahrzeug und fahrzeugführender Person. Durch die zukunftsweisende Elektromobilität und das fortschreitende pilotierte Fahren ist die reine Lenkkraftunterstützung nicht mehr das alleinige Ziel.

Abbildung 2.15: Elektromechanische Lenkung PPE-Projekt [3]

Das Lenksystem muss den höchsten Sicherheitsanforderungen entsprechen. Heutige Lenksysteme mit noch mechanischem Durchgriff und zukünftige Lenksysteme ohne mechanische Kopplung zum Fahrer (steer by wire) werden weiterhin elektrische Antriebe zur translatorischen Bewegung der Schubstangen und der damit verbundenen Verstellung der Räder haben. Für dieses elektro-mechanische System möchte der Autor den elektrischen Antrieb in Kapitel 4 untersuchen und optimieren.

3 Modellbildung und Simulation des Motorverhaltens

Das Kapitel beinhaltet eine Reihe modellgestützter Untersuchungen zum mechanischen und thermischen Verhalten des im Abschnitt 4 beschriebenen Elektromotors. Die Basis, für diese zunächst überwiegend analytischen Betrachtungen, bildet die mathematische Modellbildung in Form des Taylor-Couette-Systems, d.h. die Strömung einer inkompressiblen Flüssigkeit zwischen zwei relativ zueinander rotierenden Zylindern. Die Navier-Stokes-Gleichungen beschreiben das Strömungsverhalten normalviskoser Flüssigkeiten und Gase, sogenannter newtonischer Fluide. In der numerischen Strömungsmechanik werden die Navier-Stokes-Gleichungen um die Kontinuitätsgleichung erweitert und bilden so ein Gleichungssystem von nichtlinearen partiellen Differenzialgleichungen zweiter Ordnung.

3.1 Bewegungsgleichungen eines Kontinuums unter Berücksichtigung eines magnetischen Feldes

Die Bewegungsgleichungen eines Kontinuums haben im allgemeinen Fall die Form [44][71]

$$\rho \frac{dV_i}{dt} = \nabla_j p_{ij} + \rho F_i \quad , \qquad i,j = 1,2,3 \quad , \tag{3.1}$$

mit der Dichte ρ, den Komponenten V_i des Geschwindigkeitsvektors $\vec{V}$, der Zeit t, den Komponenten des Spannungstensors p_{ij} und den Komponenten F_i des Volumenkraftvektors. Die Bezeichnung ∇_j steht für den kovarianten Differenzierungsoperator.

Die Kontinuitätsgleichung lautet

$$\frac{d\rho}{dt} + \rho \operatorname{div} \vec{V} = 0 \quad . \tag{3.2}$$

Für ein inkompressibles Medium mit

$$\frac{d\rho}{dt} = 0 \tag{3.3}$$

hat die Kontinuitätsgleichung (3.2) die Form

$$\operatorname{div} \vec{V} = 0 \quad . \tag{3.4}$$

Bei einer magnetischen, viskosen Flüssigkeit lauten die Komponenten des Spannungstensors p_{ij}

$$p_{ij} = -p g_{ij} + \tau_{ij} + p_{ij}^H \quad , \tag{3.5}$$

mit dem Druck p, den Komponenten τ_{ij} des viskosen Spannungstensors und den Komponenten des metrischen Tensors g_{ij}. Die Komponenten des magnetischen Spannungstensors p_{ij}^H haben die Form

$$p_{ij}^H = \frac{H_i B_j}{4\pi} - \frac{HB}{8\pi} g_{ij} \quad , \tag{3.6}$$

mit H_i als Komponenten des Vektors der magnetischen Feldstärke $\vec{H}$ und B_j als Komponenten der magnetischen Flussdichte $\vec{B}$. Der Zusammenhang zwischen $\vec{B}$ und $\vec{H}$ wird mit

$$\vec{B} = \mu \vec{H} \quad , \tag{3.7}$$

beschrieben, wobei μ die magnetische Permeabilität ist.
In der Näherung der Ferrohydrodynamik nehmen die Maxwell-Gleichungen die Form an [68]

$$\begin{aligned} \operatorname{div} \vec{B} &= 0 \quad , \\ \operatorname{rot} \vec{H} &= 0 \quad . \end{aligned} \tag{3.8}$$

Aus (3.5) folgt

$$\nabla_j p_{ij} = -\nabla_i p + \nabla_j \tau_{ij} + \nabla_j p_{ij}^H \quad . \tag{3.9}$$

und die kovariante Ableitung des magnetischen Spannungstensors lautet

$$\begin{aligned}
p_{ij}^H &= \frac{1}{4\pi} H_i B_j - \frac{1}{8\pi} g_{ij} H B \quad , \quad B_j = \mu H_j \\
\nabla_j p_{ij}^H &= \frac{1}{4\pi} \left(\nabla_j H_i B_j + H_i \nabla_j B_j \right) - \frac{1}{8\pi} \nabla_j \left(g_{ij} H B \right) \\
&= \frac{1}{4\pi} \left(\mu \nabla_j H_i H_j \right) - \frac{1}{8\pi} \nabla_j \left(g_{ij} H B \right) \\
&= \frac{1}{4\pi} \left(\mu g_{ij} H_i \nabla_j H_i \right) - \frac{1}{8\pi} \nabla_j \left(\mu H^2 \right) \\
&= \frac{1}{4\pi} \left(\mu H_i \nabla_j H_i \right) - \frac{1}{8\pi} \mu \nabla_i H^2 - \frac{1}{8\pi} \mu \nabla_i H^2 \\
&= \frac{1}{4\pi} \left(\frac{\mu}{2} \nabla_j H^2 \right) - \frac{1}{8\pi} \mu \nabla_i H^2 - \frac{1}{8\pi} \mu \nabla_i H^2 \\
&= -\frac{H^2}{8\pi} \nabla_i \mu \quad .
\end{aligned} \tag{3.10}$$

Damit hat die Bewegungsgleichung (3.1) die Form

$$\rho \frac{dV_i}{dt} = -\nabla_i p + \nabla_j \tau_{ij} - \frac{H^2}{8\pi} \nabla_i \mu + \rho F_i \quad . \tag{3.11}$$

Die Komponenten des viskosen Spannungstensors τ_{ij} stehen in Beziehung zu den Komponenten des Deformationsratentensors e_{ij} gemäß

$$\tau_{ij} = 2\eta e_{ij} \quad , \tag{3.12}$$

mit η als dynamischer Viskosität und dem Deformationsratentensor

$$e_{ij} = \frac{1}{2} (\nabla_i V_j + \nabla_j V_i) \quad . \tag{3.13}$$

Die Gleichungen (3.11) - (3.13) mit (3.4), (3.7) und (3.8) werden im weiteren Kontext dieses Kapitels um die Wärmeleitungsgleichung ergänzt. Dabei sind die magnetische Permeabilität μ und die dynamische Viskosität η Funktionen der Temperatur, der magnetischen Feldstärke und weiteren Parametern.

3.2 Mathematisches Modell für das Taylor-Couette-System

3.2.1 Bestimmung des Geschwindigkeitsfeldes bei veränderlicher Viskosität

In diesem Abschnitt sollen die Modellgleichungen für das Taylor-Couette-System unter Berücksichtigung der speziellen Thematik 'ferrofluidgefüllter Motor' aufgestellt werden. Die Spezifik der genannten Strömung wird es erlauben, eine analytische Lösung für die Abhängigkeit der Geschwindigkeit v vom Radius r für konstante und veränderliche Viskosität zu formulieren.

Aufgrund der Geometrie (siehe Abbildung 3.1) werden Zylinderkoordinaten r, φ, z gewählt. Der Vektor $\vec{V}$ hat die Komponenten u_r, u_φ, u_z bezüglich der Zylinderkoordinatenachsen. Nachfolgend gelten die Bezeichnungen

$$u_r = u \quad , \quad u_\varphi = v \quad , \quad u_z = w \quad . \tag{3.14}$$

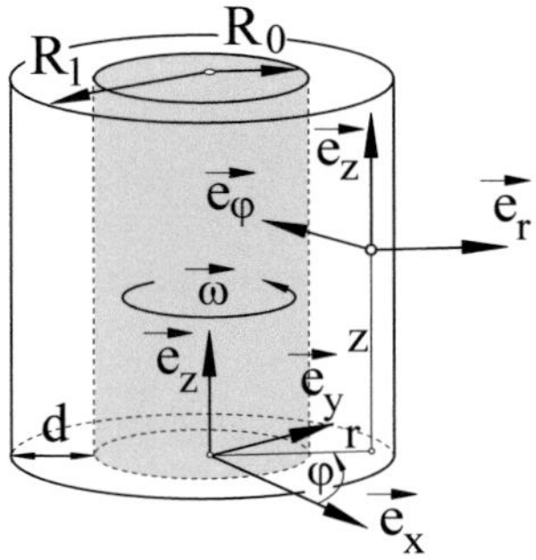

Abbildung 3.1: Taylor-Couette-System mit Bezeichnungen der Koordinatensysteme und der Parameter

Damit haben die Bewegungsgleichungen (3.1) in Zylinderkoordinaten die Form

$$\begin{aligned}
\rho\frac{du}{dt} &= -\frac{\partial p}{\partial r}+\frac{\partial \tau_{rr}}{\partial r}+\frac{1}{r}\cdot\frac{\partial \tau_{r\varphi}}{\partial \varphi}+\frac{\partial \tau_{rz}}{\partial z}+\frac{\tau_{rr}-\tau_{\varphi\varphi}}{r} \\
&\quad -\frac{H^2}{8\pi}\cdot\frac{\partial \mu}{\partial r}+\rho F_r \quad , \\
\rho\frac{dv}{dt} &= -\frac{1}{r}\cdot\frac{\partial p}{\partial \varphi}+\frac{\partial \tau_{\varphi r}}{\partial r}+\frac{1}{r}\cdot\frac{\partial \tau_{\varphi\varphi}}{\partial \varphi}+\frac{\partial \tau_{\varphi z}}{\partial z}+\frac{2\tau_{r\varphi}}{r} \\
&\quad -\frac{H^2}{8\pi}\cdot\frac{1}{r}\cdot\frac{\partial \mu}{\partial \varphi}+\rho F_\varphi \quad , \\
\rho\frac{dw}{dt} &= -\frac{\partial p}{\partial z}+\frac{\partial \tau_{zr}}{\partial r}+\frac{1}{r}\cdot\frac{\partial \tau_{z\varphi}}{\partial \varphi}+\frac{\partial \tau_{zz}}{\partial z}+\frac{\tau_{rz}}{r}-\frac{H^2}{8\pi}\cdot\frac{\partial \mu}{\partial z}+\rho F_z \quad .
\end{aligned} \tag{3.15}$$

Die Kontinuitätsgleichung (3.2) lautet

$$\frac{\partial u}{\partial r}+\frac{1}{r}\cdot\frac{\partial v}{\partial \varphi}+\frac{\partial w}{\partial z}+\frac{u}{r}=0 \quad , \tag{3.16}$$

Für die linke Seite der Gleichungen (3.15) benötigt man die Koordinaten $\frac{du}{dt}$, $\frac{dv}{dt}$ und $\frac{dw}{dt}$ des Beschleunigungsvektors.

Diese lauten

$$\begin{aligned}
\frac{du}{dt} &= \frac{\partial u}{\partial t}+u\frac{\partial u}{\partial r}+\frac{v}{r}\cdot\frac{\partial u}{\partial \varphi}+w\frac{\partial u}{\partial z}-\frac{v^2}{r} \quad , \\
\frac{dv}{dt} &= \frac{\partial v}{\partial t}+u\frac{\partial v}{\partial r}+\frac{v}{r}\cdot\frac{\partial v}{\partial \varphi}+w\frac{\partial v}{\partial z}+\frac{uv}{r} \quad , \\
\frac{dw}{dt} &= \frac{\partial w}{\partial t}+u\frac{\partial w}{\partial r}+\frac{v}{r}\cdot\frac{\partial w}{\partial \varphi}+w\frac{\partial w}{\partial z} \quad .
\end{aligned} \tag{3.17}$$

Auf der rechten Seite der Gleichungen (3.15) werden die Komponenten des Spannungstensors τ_{ij} durch den Deformationsratentensor e_{ij} ausgedrückt.

$$\begin{aligned}
&\tau_{rr} = 2\eta e_{rr} \quad , \quad \tau_{r\varphi} = \tau_{\varphi r} = 2\eta e_{r\varphi} \quad , \quad \tau_{\varphi\varphi} = 2\eta e_{\varphi\varphi} \quad , \\
&\tau_{\varphi z} = \tau_{z\varphi} = 2\eta e_{\varphi z} \quad , \quad \tau_{zz} = 2\eta e_{zz} \quad , \quad \tau_{zr} = \tau_{rz} = 2\eta e_{zr} \quad ,
\end{aligned} \tag{3.18}$$

wobei für die e_{ij} gilt

$$\begin{aligned}
e_{rr} &= \frac{\partial u}{\partial r} \quad , \quad e_{r\varphi} = e_{\varphi r} = \frac{1}{2}\left(\frac{1}{r}\cdot\frac{\partial u}{\partial \varphi}+\frac{\partial v}{\partial r}-\frac{v}{r}\right) \quad , \\
e_{\varphi\varphi} &= \frac{1}{r}\cdot\frac{\partial v}{\partial \varphi}+\frac{u}{r} \quad , \quad e_{\varphi z} = e_{z\varphi} = \frac{1}{2}\left(\frac{\partial v}{\partial z}+\frac{1}{r}\cdot\frac{\partial w}{\partial \varphi}\right) \quad , \\
e_{zz} &= \frac{\partial w}{\partial z} \quad , \quad e_{zr} = e_{rz} = \frac{1}{2}\left(\frac{\partial w}{\partial r}+\frac{1}{r}\cdot\frac{\partial u}{\partial z}\right) \quad .
\end{aligned} \tag{3.19}$$

Für das zu untersuchende Taylor-Couette-System soll die Strömung des Fluids im Bereich $R_0 \leq r \leq R_1$ betrachtet werden. Die Achse z ist entlang der Zylinderachse ausgerichtet. Weiterhin gilt für das Taylor-Couette-System in dieser Arbeit die Bedingung, dass die Geschwindigkeitskoordinaten u und w verschwinden,

$$u = w = 0 \quad . \tag{3.20}$$

Damit nehmen die Gleichungen (3.19) die Form

$$\begin{aligned} e_{rr} = e_{zz} = e_{zr} = 0 \quad &, \quad e_{r\varphi} = e_{\varphi r} = \frac{1}{2}\left(\frac{\partial v}{\partial r} - \frac{v}{r}\right) \quad , \\ e_{\varphi\varphi} = \frac{1}{r} \cdot \frac{\partial v}{\partial \varphi} \quad &, \quad e_{\varphi z} = e_{z\varphi} = \frac{1}{2} \cdot \frac{\partial v}{\partial z} \end{aligned} \tag{3.21}$$

an und die Komponenten des viskosen Spannungstensors (3.18) vereinfachen sich zu

$$\begin{aligned} \tau_{rr} = \tau_{zz} = \tau_{zr} = \tau_{rz} = 0 \quad &, \quad \tau_{\varphi\varphi} = 2\frac{\eta}{r} \cdot \frac{\partial v}{\partial \varphi} \quad , \\ \tau_{r\varphi} = \tau_{\varphi r} = \eta\left(\frac{\partial v}{\partial r} - \frac{v}{r}\right), &\quad \tau_{\varphi z} = \tau_{z\varphi} = \eta\frac{\partial v}{\partial z} \quad . \end{aligned} \tag{3.22}$$

Die Volumenkräfte im Taylor-Couette-System lauten

$$F_r = F_\varphi = 0, \quad F_z = -g \quad . \tag{3.23}$$

Wenn man anstelle des Drucks p einen „neuen" Druck p^* gemäß der Beziehung $p^* = p - g\,z$ definiert, dann haben die Bewegungsgleichungen die Form wie im Fall von vollständig verschwindenden Volumenkräften (außer dass anstelle von p jetzt p^* steht). Die Bewegungsgleichungen für das Fluid sind nachfolgend dargestellt, wobei der Druck wegen der Übersichtlichkeit wieder p genannt wird (d.h. der Stern „*" entfällt).

Wir werden weiterhin auch annehmen, dass die Strömung stationär ist

$$\frac{\partial v}{\partial t} = 0, \quad \frac{\partial p}{\partial t} = 0 \quad . \tag{3.24}$$

Unter Berücksichtigung der Gleichungen (3.20) und der Beziehungen (3.22) werden die Bewegungsgleichungen (3.15), (3.17) und die Kontinuitätsgleichung (3.16) schließlich in folgender Form dargestellt

$$
\begin{aligned}
-\rho\frac{v^2}{r} &= -\frac{\partial p}{\partial r} + \frac{\partial}{\partial \varphi}\left[\eta\left(\frac{\partial v}{\partial r} - \frac{v}{r}\right)\right] - 2\eta\frac{1}{r^2}\cdot\frac{\partial v}{\partial \varphi} - \frac{H^2}{8\pi}\cdot\frac{\partial \mu}{\partial r} \quad , \\
\rho\frac{v}{r}\cdot\frac{\partial v}{\partial \varphi} &= -\frac{1}{r}\cdot\frac{\partial p}{\partial \varphi} + \frac{\partial}{\partial r}\left[\eta\left(\frac{\partial v}{\partial r} - \frac{v}{r}\right)\right] + \frac{1}{r}\cdot\frac{\partial}{\partial \varphi}\left(\frac{2\eta}{r}\cdot\frac{\partial v}{\partial \varphi}\right) + \\
&\quad \frac{\partial}{\partial z}\left(\eta\frac{\partial v}{\partial z}\right) + 2\eta\left(\frac{1}{r}\cdot\frac{\partial v}{\partial r} - \frac{v}{r^2}\right) - \frac{H^2}{8\pi}\cdot\frac{1}{r}\cdot\frac{\partial \mu}{\partial \varphi} \quad , \\
0 &= -\frac{\partial p}{\partial z} + \frac{1}{r}\cdot\frac{\partial}{\partial \varphi}\left(\eta\frac{\partial v}{\partial z}\right) - \frac{H^2}{8\pi}\cdot\frac{\partial \mu}{\partial z} \quad .
\end{aligned}
\tag{3.25}
$$

und die Kontinuitätsgleichung (3.16) lautet

$$\frac{1}{r}\cdot\frac{\partial v}{\partial \varphi} = 0 \quad . \tag{3.26}$$

Es gelte nachfolgend die Annahme, dass die Dichte ρ konstant ist und die dynamische Viskosität η und die magnetische Permeabilität μ von der Temperatur und der magnetischen Feldstärke abhängen. Die Temperatur T und Feldstärke H wiederum stehen im Zusammenhang mit dem Radius r, d.h.

$$\eta = \eta(T, H) \quad , \quad \mu = \mu(T, H) \quad , \quad T = T(r) \quad , \quad H = H(r) \quad . \tag{3.27}$$

Allgemein gelten die Abhängigkeiten

$$v = v(r, \varphi, z) \qquad , \qquad p = p(r, \varphi, z). \tag{3.28}$$

Mit den in (3.20) und (3.24) getroffenen Annahmen wird in zwei Schritten bewiesen, dass die Geschwindigkeit und der Druck ausschließlich vom Radius r abhängig sind. Die dritte Gleichung der Navier-Stokes-Gleichung (3.25) wird durch das entsprechende Einsetzen von (3.27) und unter Beachtung von (3.26) zu

$$0 = -\frac{\partial p}{\partial z} \quad . \tag{3.29}$$

Dies zeigt die Unabhängigkeit des Drucks p von der z-Koordinate und führt zu

$$p = p(r, \varphi) \quad . \tag{3.30}$$

Die Kontinuitätsgleichung (3.26) zeigt bereits die Unabhängigkeit der Geschwindigkeit v vom Rotationswinkel φ. Womit im ersten Schritt die Geschwindigkeit v vom Radius r und der z-Koordinate abhängt

$$v = v(r, z) \quad . \tag{3.31}$$

Im zweiten Schritt folgt für v aus der ersten Navier-Stokes-Gleichung (3.25) mit den Annahmen (3.27) und (3.31) die Form

$$-\rho\frac{v^2}{r} = -\frac{\partial p}{\partial r} - \frac{H^2}{8\pi}\cdot\frac{\partial \mu}{\partial r} \quad . \tag{3.32}$$

Aus dieser Gleichung (3.32) folgt schließlich

$$\frac{\partial p}{\partial r} = \rho\frac{v^2}{r} - \rho\frac{H^2}{8\pi}\cdot\frac{\partial \mu}{\partial r} \quad . \tag{3.33}$$

Durch beidseitige Ableitung nach z folgt

$$\frac{\partial^2 p}{\partial z \partial r} = \rho\frac{2v}{r}\cdot\frac{\partial v}{\partial z} \quad . \tag{3.34}$$

Nach Umstellung und Ableitung nach r kann für (3.29)

$$\frac{\partial^2 p}{\partial r \partial z} = 0 \tag{3.35}$$

geschrieben werden. Aufgrund von (3.35) folgt für (3.34) schließlich

$$0 = \frac{2v}{r}\cdot\frac{\partial v}{\partial z} \quad . \tag{3.36}$$

Die Möglichkeit $v = 0$ würde ein völliges Verschwinden der Strömungsgeschwindigkeit $\vec{V}$ bedeuten, was bei der Rotation des inneren Zylinders mit der Winkelgeschwindigkeit $\omega \neq 0$ nicht der Fall ist. Somit folgt für $v \neq 0$, dass

$$\frac{\partial v}{\partial z} = 0 \tag{3.37}$$

sein muss und damit gilt, dass die Geschwindigkeit

$$v = v(r) \tag{3.38}$$

ausschließlich eine radiale Abhängigkeit haben muss. Durch Einsetzen von (3.37) und (3.26) lässt sich die zweite Gleichung der Navier-Stokes-Gleichung (3.25) in folgender Form schreiben

$$\frac{1}{r} \cdot \frac{\partial p}{\partial \varphi} = \frac{\partial}{\partial r} \left[\eta \left(\frac{\partial v}{\partial r} - \frac{v}{r} \right) \right] + 2\eta \left(\frac{1}{r} \cdot \frac{\partial v}{\partial r} - \frac{v}{r^2} \right) \quad . \tag{3.39}$$

Basierend auf (3.38) ist nach Umstellung von (3.39) die rechte Seite der Gleichung eine Funktion von r, d.h.

$$\frac{\partial p}{\partial \varphi} = f_1(r) \quad . \tag{3.40}$$

Aus (3.33) folgt, dass

$$\frac{\partial p}{\partial r} = f_2(r) \tag{3.41}$$

ist. Durch Integration lässt sich (3.41) in der folgenden Form schreiben

$$p = F_2(r) + C_2(\varphi) \quad . \tag{3.42}$$

Die Ableitung von p aus (3.42) nach φ und anschließendem Einsetzen in die Gleichung (3.40) ergibt

$$\frac{dC_2(\varphi)}{d\varphi} = f_1(r) \quad . \tag{3.43}$$

Gemäß der (auch aus Separationsansätzen zur Lösung partieller Differentialgleichungen bekannten) Schlussfolgerung, kann $\frac{dC_2(\varphi)}{d\varphi}$ als eine Funktion von φ, nur dann immer gleich zur Funktion $f_1(r)$ von r sein, wenn beide Funktionen gleich einer Konstanten sind, d.h.

$$\frac{\partial p}{\partial \varphi} = \frac{dC_2(\varphi)}{d\varphi} = f_1(r) = C \quad . \tag{3.44}$$

Das bedeutet, dass eine weitere Konstante C eingeführt wird und für (3.43) bzw. (3.40) folgendes geschrieben werden kann

$$\frac{\partial p}{\partial \varphi} = C \quad . \tag{3.45}$$

Aus der Integration von (3.45) nach φ folgt

$$p = C\varphi + F_2(r) \quad . \tag{3.46}$$

Dabei kann, wegen (3.30), der zweite Summand $F_2(r)$, wie dargestellt, eine Funktion von r sein. Eine Integrationskonstante sei in der Funktion $F_2(r)$ enthalten. Aufgrund des rotationssymmetrischen Taylor-Couette-Systems und der damit verbundenen Periodizität bei einer Drehung von 360 °, ist der Druck eine periodische Funktion von 2π. Daher lässt sich für die verbleibenden Abhängigkeiten des Drucks von r und φ auch die Form

$$p(r, \varphi) = p(r, \varphi + 2\pi) \tag{3.47}$$

schreiben und es gilt folgende Gleichung

$$\int_0^{2\pi} \frac{\partial p}{\partial \varphi} \, d\varphi \quad = \quad p(2\pi) - p(0) \quad = \quad 0 \quad . \tag{3.48}$$

Das Einsetzen der in (3.45) eingeführten Konstante C führt zu

$$\int_0^{2\pi} \frac{\partial p}{\partial \varphi} \, d\varphi \quad = \quad \int_0^{2\pi} C \, d\varphi \quad = \quad C \cdot 2\pi \tag{3.49}$$

und somit zu

$$C = 0 \quad . \tag{3.50}$$

Daraus folgt für (3.46), dass

$$p = F_2(r) \tag{3.51}$$

ist und sich für die Abhängigkeit des Drucks vom Radius r weiter

$$p = p(r) \tag{3.52}$$

notieren lässt.

Mit den Abhängigkeiten der Geschwindigkeit aus (3.38) und des Drucks aus (3.52) lässt sich die Geschwindigkeit eines Fluidelementes im Bereich $R_0 \leq r \leq R_1$ aus den Navier-Stokes-Gleichungen analytisch bestimmen, was nachfolgend gezeigt wird. Die Navier-Stokes-Gleichung (3.39) wird zu

$$\frac{d}{dr}\left[\eta(T(r))\left(\frac{dv}{dr}-\frac{v}{r}\right)\right]+2\eta(T(r))\frac{1}{r}\left(\frac{dv}{dr}-\frac{v}{r}\right)=0 \tag{3.53}$$

Diese Gleichung (3.53) erhält mit der Bezeichnung U gemäß

$$U(r)=\eta(T(r))\left(\frac{dv}{dr}-\frac{v}{r}\right) \tag{3.54}$$

die Form

$$\frac{dU}{dr}+2\frac{U}{r}=0 \quad . \tag{3.55}$$

Mit ihrer Lösung $U(r)=\frac{C_1}{r^2}$ folgt für die dynamische Viskosität die Gleichung

$$\eta(T(r))\left(\frac{dv}{dr}-\frac{v}{r}\right)=\frac{C_1}{r^2} \quad , \tag{3.56}$$

welche mit einer weiteren Transformation $v=V\cdot r$ in die Gleichung

$$\eta(T(r))\,r\,\frac{dV}{dr}=\frac{C_1}{r^2} \tag{3.57}$$

übergeht. Aus der Lösung von (3.57) durch bestimmte Integration von einem beliebigen $\bar{r}$ bis zu r folgt für das Geschwindigkeitsfeld die Beziehung

$$v(r)=C_1 r\int_{\bar{r}}^{r}\frac{1}{\eta(T(r))}\cdot\frac{1}{\xi^3}d\xi+C_2 r \quad . \tag{3.58}$$

Aus den Randbedingungen am inneren und äußeren Zylinder des Taylor-Couette-Systems

$$v(R_0)=\omega R_0 \quad , \quad v(R_1)=0 \tag{3.59}$$

folgen über die Beziehungen

$$C_1\int_{\bar{r}}^{R_0}\frac{1}{\eta(T(r))}\cdot\frac{1}{\xi^3}d\xi+C_2=\omega \quad , \quad C_1\int_{\bar{r}}^{R_1}\frac{1}{\eta(T(\xi))}\cdot\frac{1}{\xi^3}d\xi+C_2=0 \tag{3.60}$$

die Integrationskonstanten

$$C_1 = -\frac{\omega}{\int_{R_0}^{R_1} \frac{1}{\eta(T(\xi))} \cdot \frac{1}{\xi^3} d\xi} \quad , \quad C_2 = \omega \frac{\int_{\bar{r}}^{R_1} \frac{1}{\eta(T(\xi))} \cdot \frac{1}{\xi^3} d\xi}{\int_{R_0}^{R_1} \frac{1}{\eta(T(\xi))} \cdot \frac{1}{\xi^3} d\xi} \tag{3.61}$$

und schließlich das Geschwindigkeitsfeld $v(r)$ für den Fall veränderlicher dynamischer Viskosität

$$v(r) = \omega r \frac{\int_{r}^{R_1} \frac{1}{\eta(T(\xi))} \cdot \frac{1}{\xi^3} d\xi}{\int_{R_0}^{R_1} \frac{1}{\eta(T(\xi))} \cdot \frac{1}{\xi^3} d\xi} \quad . \tag{3.62}$$

3.2.2 Bestimmung des Geschwindigkeitsfeldes bei konstanter Viskosität

Mit der allgemeinen Formel für die Geschwindigkeit (3.62) folgt für den Sonderfall einer konstanten Viskosität für die Fluidgeschwindigkeit im Spalt zwischen beiden Zylindern

$$v(r) = \omega\, r \frac{\left.\frac{1}{\xi^2}\right|_{r}^{R_0}}{\left.\frac{1}{\xi^2}\right|_{R_0}^{R_1}} = \frac{\omega R_0^2}{R_1^2 - R_0^2} \left(\frac{R_1^2}{r} - r \right) \quad , \tag{3.63}$$

wobei ω die Winkelgeschwindigkeit, R_0 der Radius des inneren Zylinders und R_1 der Radius des äußeren Zylinders ist.

Die Abbildung 3.2 zeigt die Geschwindigkeit $v = v\,(r)$ eines Fluidelementes im Luftspalt $R_0 \leq r \leq R_1$ mit den Parametern $R_0 = 5$ cm, $\omega = 100$ rad/s und drei unterschiedliche Luftspaltlängen 1) $d = 0.2$ cm, 2) $d = 0.3$ cm und 3) $d = 0.6$ cm.

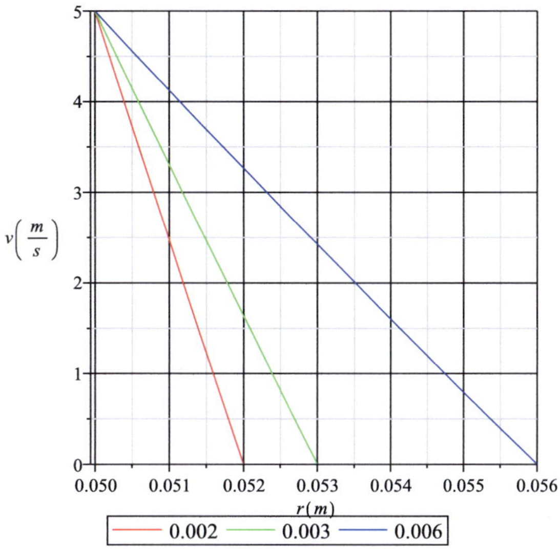

Abbildung 3.2: Graphische Darstellung für $v(r)$ im Luftspalt

3.3 Bestimmung des Reibmomentes

Zur Charakterisierung des Motors mit dem ferrofluidgefüllten Luftspalt spielt das daraus resultierende Reibmoment eine wesentliche Rolle.
Durch die Bedingung $u = w = 0$ und die Abhängigkeit $v = v(r)$ ist $e_{rr} = e_{\varphi\varphi} = e_{z\varphi} = e_{zz} = e_{rz} = 0$ und von Null verschieden ist nur

$$e_{\varphi r} = e_{r\varphi} = \frac{1}{2}\left(\frac{dv}{dr} - \frac{v}{r}\right) \quad . \tag{3.64}$$

Die verbleibende Komponente $\tau_{r\varphi}$ des Spannungstensors ist

$$\tau_{r\varphi} = \eta\left(\frac{1}{r}\frac{\partial u}{\partial\varphi} + \frac{\partial v}{\partial r} - \frac{v}{r}\right) \quad . \tag{3.65}$$

Mit den getroffenen Annahmen besitzt (3.65) die Form

$$\tau_{r\varphi} = \eta\left(\frac{dv}{dr} - \frac{v}{r}\right) \quad , \tag{3.66}$$

mit

$$\frac{dv}{dr} = -\frac{\omega R_0^2}{R_1^2 - R_0^2}\left(\frac{R_1^2}{r^2} + 1\right) \quad . \tag{3.67}$$

Für $\tau_{r\varphi}$ folgt nach dem Einsetzen der Größen und entsprechenden Vereinfachungen schließlich

$$\tau_{r\varphi} = -2\eta\frac{\omega R_0^2 R_1^2}{R_1^2 - R_0^2}\frac{1}{r^2} \quad . \tag{3.68}$$

Durch Ersetzung von R_0 für r in (3.68) folgt

$$\tau_{r\varphi} \mid_{r=R_0} = -2\eta\frac{\omega R_1^2}{R_1^2 - R_0^2} \quad , \tag{3.69}$$

woraus sich eine umfangsbezogene (Maßeinheit gleich Kraft pro Länge) Reibungskraft F_{Reib} auf der Oberfläche des Innenzylinders mit

$$F_{Reib} = \tau_{r\varphi} \cdot 2\pi R_0 = -4\pi\eta\frac{\omega R_0 R_1^2}{R_1^2 - R_0^2} \tag{3.70}$$

berechnen lässt. Das Moment als Produkt aus Kraft und Hebelarm und lässt sich wie folgt bestimmen

$$M_{Reib} = F_{Reib} \cdot R_0 = -4\pi\eta\frac{\omega R_0^2 R_1^2}{R_1^2 - R_0^2} = -4\pi\eta\frac{\omega R_0^2 (R_0 + d)^2}{d(2R_0 + d)} \quad . \tag{3.71}$$

Das auf den Außenzylinder wirkende Reibmoment ist $-M_{Reib}$. Die Abbildung 3.3 zeigt das Reibmoment M_{Reib} als Funktion des Luftspaltes $d = R_1 - R_0$ ($R_0 = 5$ cm) für drei ausgewählte Temperaturwerte.

Dabei sind die Viskositätswerte wie folgt: $\eta = 102.6 \cdot 10^{-5}$ Pa · s ($T = 20$ °C), $\eta = 56.0 \cdot 10^{-5}$ Pa · s ($T = 50$ °C), $\eta = 35.5 \cdot 10^{-5}$ Pa · s ($T = 80$ °C).

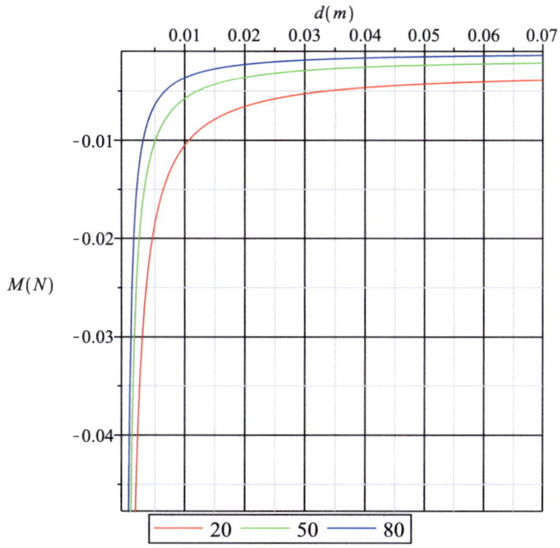

Abbildung 3.3: Graphische Darstellung für das Reibmoment M_{Reib} (in Newtonmeter pro Meter, siehe oben) vs. d für drei Temperaturen T (in $°C$)

In der Abbildung 3.3 ist zu erkennen, dass mit wachsendem Luftspalt das Reibmoment kleiner wird. Dies ist physikalisch nachvollziehbar. Das Reibmoment ist proportional zur Spannung $\tau_{r\varphi}$, welche wiederum vom Geschwindigkeitsgradienten (siehe (3.66)) abhängt. Bei gegebenen Temperaturwerten an den Grenzen wird mit wachsendem Spalt d dieser Gradient kleiner und somit verringert sich auch das Reibmoment.

3.4 Modellbasierte thermische Untersuchungen des Taylor-Couette-Systems

In diesem Abschnitt wird ein Temperaturmodell analytisch hergeleitet, welches die Wärmeleitung innerhalb des ferrofluiduntertsützten Elektromotors gemäß Prototyp aus dem Kapitel 4 zeigt. Es basiert wiederum auf dem Taylor-Couette-System. Um die Untersuchungsergebnisse im Rahmen dieser Arbeit einzuordnen, werden in der nachfolgenden Tabelle die Ansätze mit Betrachtungen anderer Autoren verglichen.

	Temperatur T	Magnetfeld H	Dissipation
NETHE [52]	nein	ja	ja, ohne Berechnung
ALTMEYER [8]	nein	ja	nein
STEINMEIER [78]	ja	ja	ja

Tabelle 3.1: Unterschiede in den Modellierungsansätzen der Arbeiten [52], [8], [78]

In [52] und [83] wird die Wärmestromgleichung angegeben, **ohne** dabei die innere Reibung des im System befindlichen Fluids (Flüssigkeit oder Gas) zu berücksichtigen.

Zur Berechnung des Wärmestromes für ein inkompressibles Fluid lautet die Gleichung **mit** dissipativem Anteil in allgemeiner Form

$$c\,\frac{dT}{dt} = \frac{\lambda}{\rho}\,\Delta T + \frac{1}{\rho}\,\tau_{ij}\,e_{ij} \quad , \tag{3.72}$$

wobei c die spezifische Wärmekapazität, λ die Wärmeleitfähigkeit, ρ die Dichte, T die Temperatur, sowie τ_{ij} und e_{ij} der viskose Spannungstensors bzw. der Deformationsratentensor sind. Weiterhin ist

$$\tau_{ij} = 2\eta\,e_{ij} \quad , \tag{3.73}$$

wobei η die dynamische Viskosität ist. Aufgrund von (3.64) folgt, dass der dissipative Anteil in (3.72)

$$\tau_{ij}\,e_{ij} = \eta\left(\frac{\partial v}{\partial r} - \frac{v}{r}\right)^2 \tag{3.74}$$

ist. Es gilt für ΔT in (3.72) zunächst die allgemeine Form

$$\Delta T = \frac{\partial^2 T}{\partial r^2} + \frac{1}{r^2}\cdot\frac{\partial^2 T}{\partial \varphi^2} + \frac{\partial^2 T}{\partial z^2} + \frac{1}{r}\cdot\frac{\partial T}{\partial r} \quad . \tag{3.75}$$

Im vorliegend betrachteten Fall für ein zylindrisches System gelten weiterhin die in Abschnitt 3.1 getroffenen Annahmen $u = 0$ und $w = 0$. Ebenso gilt die in (3.63) gezeigte Abhängigkeit der Geschwindigkeit vom Radius, d.h. $v(r)$. Die Temperatur T hingegen ist vom Radius r und der Zeit t abhängig $T = T(r,t)$. Mit dieser These wird Gleichung (3.75) zu

$$\Delta T = \frac{\partial^2 T}{\partial r^2} + \frac{1}{r} \cdot \frac{\partial T}{\partial r} \quad . \tag{3.76}$$

Durch Einsetzen von (3.74) und (3.76) in (3.72) folgt schließlich für die Wärmestromgleichung

$$c\,\frac{dT}{dt} = \frac{\lambda}{\rho}\left(\frac{\partial^2 T}{\partial r^2} + \frac{1}{r} \cdot \frac{\partial T}{\partial r}\right) + \frac{\eta}{\rho}\left(\frac{\partial v}{\partial r} - \frac{v}{r}\right)^2 \quad . \tag{3.77}$$

Die totale zeitliche Ableitung der Temperatur T nach t lautet allgemein

$$\frac{dT}{dt} = \frac{\partial T}{\partial t} + u\,\frac{\partial T}{\partial r} + \frac{v}{r} \cdot \frac{\partial T}{\partial \varphi} + w\,\frac{\partial T}{\partial z} \quad . \tag{3.78}$$

Wegen der Bedingung $u = w = 0$ und der Abhängigkeit $T = T\,(r,t)$ folgt

$$\frac{dT}{dt} = \frac{\partial T}{\partial t} \quad . \tag{3.79}$$

Die Wärmestromgleichung aus (3.72) wird damit zu

$$c\,\frac{\partial T}{\partial t} = \frac{\lambda}{\rho}\left(\frac{\partial^2 T}{\partial r^2} + \frac{1}{r} \cdot \frac{\partial T}{\partial r}\right) + \frac{\eta}{\rho}\left(\frac{\partial v}{\partial r} - \frac{v}{r}\right)^2 \quad . \tag{3.80}$$

Bei nachfolgender Betrachtung sei die Temperatur stationär $\partial T/\partial t = 0$, d.h. $T = T(r)$ bzw. $v = v(r)$ und aus (3.80) wird

$$\frac{d^2 T}{dr^2} + \frac{1}{r} \cdot \frac{dT}{dr} + \frac{\eta}{\lambda}\left(\frac{dv}{dr} - \frac{v}{r}\right)^2 = 0 \quad . \tag{3.81}$$

Zwei Fälle können unterschieden werden (die Abhängigkeit des Koeffizienten λ von der Temperatur wird nicht berücksichtigt).

Annahme 1:
Die Viskosität des Fluids ist konstant ($\eta =$ konst.).

Annahme 2:
Die Viskosität hängt von der Temperatur T und der magnetischen Feldstärke H ab $\eta = \eta\,(T,H)$.

3.4.1 Untersuchungen mit konstanter dynamischer Viskosität

Bei einer konstanten Viskosität gilt die aus (3.63) berechnete Geschwindigkeit v und deren Ableitung nach r gemäß

$$\frac{dv}{dr} - \frac{v}{r} = -\frac{2\omega\ R_0^2\ R_1^2}{R_1^2 - R_0^2} \cdot \frac{1}{r^2} \quad . \tag{3.82}$$

Für die Annahme 1 mit konstanter dynamischer Viskosität folgt somit die stationäre Wärmeleitungsgleichung in der Form

$$\frac{d^2T}{dr^2} + \frac{1}{r} \cdot \frac{dT}{dr} + 4\ \frac{\eta}{\lambda} \cdot \frac{\omega^2\ R_0^4\ R_1^4}{(R_1^2 - R_0^2)^2} \cdot \frac{1}{r^4} = 0 \quad . \tag{3.83}$$

Der Wärmestrom ist im Luftspalt ($R_0 \leq r \leq R_1$) des ferrofluidunterstützten Elektromotors bzw. zwischen dem Hohl- und Vollzylinder des Taylor-Couette Systems zu bestimmen.

Annahme 1.a (Randbedingung Temperatur → Temperatur für $\eta =$ konst.): In (3.89) wurde die Grenzbedingung bei $r = R_1$ als Wärmestrom q_{R_1} angegeben. Nachfolgend werden die Grenzbedingungen beiderseits durch Temperaturwerte T repräsentiert. Es ist

$$T\Big|_{r=R_0} = T_{R_0} \qquad , \qquad T\Big|_{r=R_1} = T_{R_1} \quad . \tag{3.84}$$

Das Einsetzen der Randbedingungen T_{R_1} und T_{R_0} in die Gleichungen (3.93) und ihre anschließende Subtraktion ergibt

$$T_{R_1} - T_{R_0} = -\frac{\eta\ D}{\lambda}\left(\frac{1}{R_1^2} - \frac{1}{R_0^2}\right) + C_1\ \ln\left(\frac{R_1}{R_0}\right) \quad , \tag{3.85}$$

woraus

$$C_1 = \frac{T_{R_1} - T_{R_0} + \dfrac{\eta\ D}{\lambda}\left(\dfrac{1}{R_1^2} - \dfrac{1}{R_0^2}\right)}{\ln\left(\dfrac{R_1}{R_0}\right)} \tag{3.86}$$

folgt. Für C_2 gilt wie in (3.94) weiterhin

$$C_2 = T_{R_0} + \frac{\eta\ D}{\lambda} \cdot \frac{1}{R_0^2} - C_1\ \ln(R_0) \quad . \tag{3.87}$$

Durch Einsetzen der Integrationskonstanten C_2 und C_1 folgt für (3.93)

$$T = T_{R_0} - \frac{\eta\, D}{\lambda}\left(\frac{1}{r^2} - \frac{1}{R_0^2}\right) + \frac{\left(T_{R_1} - T_{R_0} + \frac{\eta\, D}{\lambda}\left(\frac{1}{R_1^2} - \frac{1}{R_0^2}\right)\right)\ln\left(\frac{r}{R_0}\right)}{\ln\left(\frac{R_1}{R_0}\right)} \quad . \tag{3.88}$$

Die Abbildung 3.4 zeigt für die Systemparameter wie unter der Annahme 1.a den Temperaturverlauf $T = T(r)$ im Luftspalt über dem Radius für drei ausgewählte Werte von $T(R_1)$.

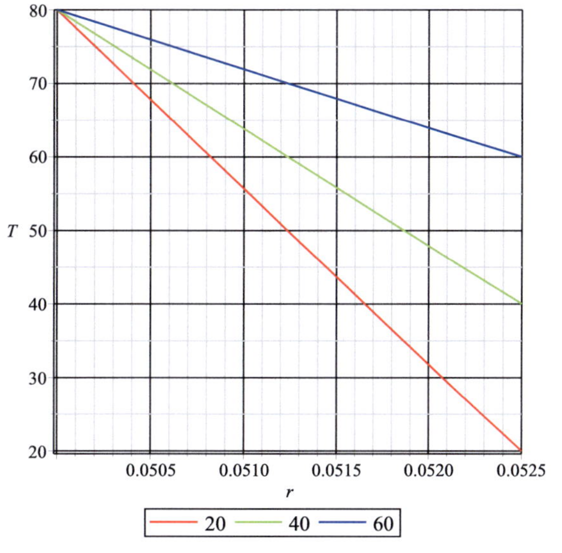

Abbildung 3.4: Temperatur im Luftspalt für unterschiedliche T_{R_1}

Annahme 1.b (Randbedingung Temperatur $\rightarrow$ Wärmestrom für $\eta =$ konst.):
Dies führt zu den Randbedingungen mit Temperatur und Wärmestrom

$$T\Big|_{r=R_0} = T_{R_0} \qquad , \qquad \lambda \frac{dT}{dr}\Big|_{r=R_1} = -q_{R_1} \quad . \tag{3.89}$$

Für die stationäre Temperaturgleichung (3.83) kann

$$\frac{1}{r}\frac{d}{dr}\left(r\cdot\frac{dT}{dr}\right) = -4\,\frac{\eta}{\lambda}\cdot\frac{\omega^2\,R_0^4\,R_1^4}{\left(R_1^2-R_0^2\right)^2}\cdot\frac{1}{r^4} \tag{3.90}$$

geschrieben werden. Durch Einführung der Bezeichnung D gemäß

$$D = \frac{\omega^2\,R_0^4\,R_1^4}{\left(R_1^2-R_0^2\right)^2} \quad , \tag{3.91}$$

und anschließender Integration über r folgt

$$\frac{dT}{dr} = 2\,\frac{\eta\,D}{\lambda}\cdot\frac{1}{r^3}+\frac{C_1}{r} \tag{3.92}$$

und schließlich nach nochmaliger Integration

$$T = -\frac{\eta\,D}{\lambda}\cdot\frac{1}{r^2}+C_1\,\ln(r)+C_2 \quad . \tag{3.93}$$

Das Einsetzen in die Randbedingungen führt zu den Integrationskonstanten

$$C_1 = -\frac{q_{R_1}\,R_1}{\lambda}-2\,\frac{\eta\,D}{\lambda}\cdot\frac{1}{R_1^2} \quad , \quad C_2 = T_{R_0}+\frac{\eta\,D}{\lambda}\cdot\frac{1}{R_0^2}-C_1\,\ln(R_0) \quad . \tag{3.94}$$

Nach dem Einsetzen von C_1 und C_2 erhält man in analytisch geschlossener Form die Gleichung für den Temperaturverlauf im Luftspalt

$$T = \frac{\eta\,D}{\lambda}\left(\frac{1}{R_0^2}-\frac{1}{r^2}\right)-\frac{1}{\lambda}\left(q_{R_1}\,R_1+2\,\frac{\eta\,D}{R_1^2}\right)\,\ln\left(\frac{r}{R_0}\right)+T_{R_0} \quad . \tag{3.95}$$

Die Abbildung 3.5 zeigt bei gegebenem $R_0 = 5$ cm, $d = 0.2$ cm, $\omega = 100$ rad/s, $T_{R0} = 80$ °C, $\eta = 2.0\cdot 10^{-3}$ Pa · s und $\lambda = 0.15$ W/(m · K) sowie für unterschiedliche Wärmeströme q_{R1} den Temperaturverlauf $T = T(r)$ im Luftspalt über dem Radius.

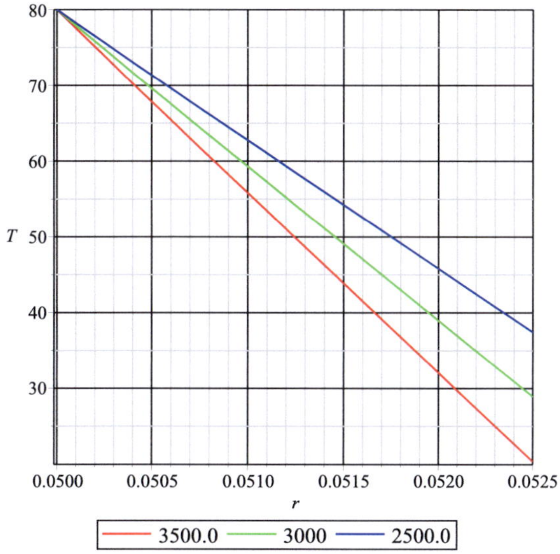

Abbildung 3.5: Temperatur im Luftspalt für unterschiedliche Wärmeströme

3.4.2 Untersuchungen mit veränderlicher dynamischer Viskosität

Für die Annahme 2 wird berücksichtigt, dass bei magnetischen Flüssigkeiten die dynamische Viskosität η von der Temperatur T und der magnetischen Feldstärke H abhängt, d.h. $\eta = \eta(T, H)$. In diesem Fall wird zur Vereinfachung H fixiert und für unterschiedliche, feste Werte betrachtet. In [20], [52] und [83] werden drei Ansätze für die Temperaturabhängigkeit der Viskosität newtonischer Flüssigkeiten angegeben. Mit den nachfolgenden Formeln wird die Abhängigkeit der dynamischen Viskosität von Flüssigkeiten von der Temperatur approximiert:

$$\eta_f = \eta_0 \cdot \exp\left(\frac{C\rho}{T}\right) \quad , \tag{3.96}$$

$$\eta_0 = 10^{-6} \cdot A \cdot \rho^{1/3} \quad , \tag{3.97}$$

wobei η die dynamische Viskosität in $Pa \cdot s$, A und C Beiwerte nach Tabelle 3.2, ρ die Dichte in kg/m^3 und T die Temperatur in K sind. Für einen Temperaturbereich von $0 < t < 100\ °C$ gilt für die dynamische Viskosität von newtonischen Flüssigkeiten die Beziehung von Andrade [20], [80]:

$$\eta_f = \eta_0 \cdot \exp\left(\frac{T_A}{T + T_B} - \frac{T_A}{T_B + T_0}\right) \quad . \tag{3.98}$$

Stoff	A	C
Wasser	0,588	1,534
Heptan	4,53	0,99

Tabelle 3.2: Konstanten A und C zur Berechnung der dynamischen Viskosität η von Flüssigkeiten nach Gleichung (3.96) [21]

Der Bezugswert η_0 sowie die Konstanten T_A und T_B sind der Tabelle 3.3 zu entnehmen. T_0 entspricht einer Temperatur von 0 °C (= 273 K).

Eine weitere Möglichkeit die dynamische Viskosität abzuschätzen ist die Näherungsformel nach Poiseuille

$$\eta_f = \frac{\eta_0}{1 + 0.0337 \cdot t + 0.00022 \cdot t^2} \quad , \tag{3.99}$$

mit t für die Temperatur in °C und η_0 für die Viskosität bei T_0 in $Pa \cdot s$.

	Wasser	Methanol	Quecksilber	
η_0	$179{,}3 \cdot 10^{-5}$	$81{,}7 \cdot 10^{3}$	$168{,}5 \cdot 10^{5}$	Pa· s
T_A	506	1110	160	K
T_B	-150	-20	-96	K

Tabelle 3.3: Beiwerte zur Temperaturabhängigkeit der dynamischen Viskosität η von Flüssigkeiten [21]

Bemerkung 1:

Die o.g. empirischen Ansätze zur Approximierung einer temperaturabhängigen dynamischen Viskosität werden von Autoren in unterschiedlicher Form dargestellt. Um eine Vergleichbarkeit zu erreichen, wird die Formel nach Andrade (3.98) in den Schreibweisen von Nethe [52] und Bohl [21] herangezogen. Dazu sind eine Reihe von Umformungen erforderlich.

In [52] wird die Gleichung von Andrade in der folgenden Form angegeben

$$\eta_f = 10^{\left(A+\frac{B}{T+C}\right)} \quad . \tag{3.100}$$

Durch Umformung zu

$$\eta_f = 10^A \cdot 10^{\frac{B}{T+C}} \tag{3.101}$$

folgt schließlich

$$\eta_f = 10^A \cdot \exp\left(\frac{B \cdot \ln 10}{T+C}\right) \quad . \tag{3.102}$$

Wird hingegen Gleichung (3.98) umgeformt zu

$$\eta_f = \eta_0 \; \frac{\exp\left(\dfrac{T_A}{T+T_B}\right)}{\exp\left(\dfrac{T_A}{T_B+T_0}\right)} \quad , \tag{3.103}$$

kann für die Gleichung von Andrade aus [20, 80] auch die folgende Form notiert werden

$$\eta_f = \frac{\eta_0}{\exp\left(\dfrac{T_A}{T_B+T_0}\right)} \cdot \exp\left(\frac{T_A}{T+T_B}\right) \quad . \tag{3.104}$$

Beide Gleichungen sind identisch, wenn

$$T_A = B \cdot \ln 10 \quad , \quad T_B = C \quad , \quad B = T_A \lg \mathrm{e} \quad , \quad A = \lg \frac{\eta_0}{\exp\left(\dfrac{T_A}{T_B+T_0}\right)} \tag{3.105}$$

sind.

Nachfolgend sollen auch noch die Formeln für die dynamische Viskosität η aus dem VDI-Wärmeatlas [83] mit dem Ansatz nach Andrade, bezugnehmend auf [52] verglichen werden. Es wird gezeigt, dass die Gleichung von Andrade die gleiche Lösung für die Formel aus dem VDI-Wärmeatlas liefert. Nachfolgend erhalten die Variablen A, B und C die Indices a für Andrade und v für VDI-Wärmeatlas. Für die Gleichung von Andrade aus (3.102) folgt

$$\eta_f = 10^{A_a} \cdot \exp\left(\frac{B_a \cdot \ln 10}{T + C_a}\right) \quad . \tag{3.106}$$

Für die Gleichung aus dem VDI-Wärmeatlas gilt

$$\eta_f = 10^{-6} A_v \rho^{1/3} \cdot \exp\left(\frac{C_v \rho}{T}\right) \quad . \tag{3.107}$$

Es ist

$$10^{A_a} = 10^{-6} A_v \rho^{1/3} \quad , \tag{3.108}$$

woraus A_a bestimmt werden kann

$$A_a = \lg\left(A_v \rho^{1/3}\right) - 6 \quad . \tag{3.109}$$

Weiterhin ist

$$B_a \cdot \ln 10 = C_v \rho \quad . \tag{3.110}$$

Damit ist

$$B_a = \frac{C_v \rho}{\ln 10} \tag{3.111}$$

und

$$C_a = 0 \quad . \tag{3.112}$$

Die Abbildung 3.6 zeigt die Temperaturabhängigkeit für die Fluide Wasser und Heptan nach dem Ansatz aus (3.96) von [20].

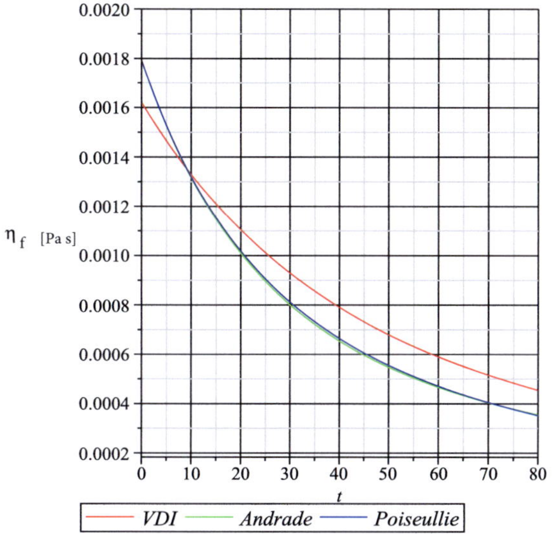

Abbildung 3.6: Vergleich dreier Modelle für die Darstellung der Abhängigkeit der dynamischen Viskosität von der Temperatur

Aus der Abbildung 3.6 kann für die dynamische Viskosität η von Wasser bei einer Temperatur von 273 K der Wert $1,6$ mPa $\cdot$ s entnommen werden. Zur Kontrolle kann Gleichung (3.96) herangezogen werden. Dabei sind die auf Wasser bezogenen Werte

$$\begin{aligned} \rho = 10^3 \ \frac{\mathrm{kg}}{\mathrm{m}^3} \quad &, \quad A = 0.588 \\ C = 1.534 \quad &, \quad T = 273 \ \mathrm{K} \end{aligned} \tag{3.113}$$

gegeben, die aus der Tabelle 3.2 zu entnehmen sind. Betrachtet man Gleichung (3.96) und setzt die gegebenen Werte ein, so lautet die Lösung

$$\eta = 10^{-6} \cdot 0,588 \cdot \left(10^3\right)^{1/3} \cdot \exp\left(\frac{1,534 \cdot 10^3}{273}\right) = 1,62 \ \mathrm{mPa} \cdot \mathrm{s} \quad . \tag{3.114}$$

Bemerkung 2:

Da die tabellierten Werte in der Literatur einheitenlos angegeben werden, soll nachfolgend ihre Dimension bestimmt werden. Die SI-Einheit der Viskosität lautet Pascalsekunde (Pa · s). Die Dimensionslosigkeit des Exponenten liefert

$$[A \cdot \rho^{1/3}] \;=\; \mathrm{Pa \cdot s} \;=\; \frac{\mathrm{kg}}{\mathrm{m \cdot s}} \quad . \tag{3.115}$$

Die Einheit der Dichte im SI-System ist nachfolgend gegeben

$$[\rho^{1/3}] = \frac{\mathrm{kg}^{1/3}}{\mathrm{m}} \quad . \tag{3.116}$$

Daraus folgt die Dimension des für A tabellierten Wertes mit

$$[A] = \frac{\dfrac{\mathrm{kg}}{\mathrm{m \cdot s^3}}}{[\rho^{1/3}]} = \frac{\mathrm{kg}^{2/3}}{\mathrm{s}} \quad . \tag{3.117}$$

3.4.3 Dynamische Viskosität in Abhängigkeit von Temperatur und Magnetfeld

Für die dynamische Viskosität η in Abhängigkeit der absoluten Temperatur T und des Magnetfeldes H gilt für den Fall, dass der Geschwindigkeitsvektor des Fluids orthogonal zum Vektor der magnetischen Feldstärke ist, nach Nethe [52], Odenbach [57], Shliomis [75] u.a. die Beziehung

$$\eta\,(\zeta) = \eta_f K_\varphi \quad , \quad K_\varphi = 1 + \frac{4\,\zeta + \tanh\,\zeta}{\zeta + \tanh\,\zeta}\,\varphi\,, \tag{3.118}$$

wobei η_f die Viskosität der Trägerflüssigkeit (zum Beispiel Wasser, Heptan, etc.) ist. Der Langevin-Parameter $\zeta = \frac{\mu_0 m H}{kT}$ ist dabei das Verhältnis von magnetischer und thermischer Energie der Partikel. Der Parameter φ ist die Volumenkonzentration der magnetischen Partikel, μ_0 die magnetische Permeabilität im Vakuum, m das magnetische Moment des Partikels, k die Boltzmann-Konstante. Für den Wert m gilt

$$m = \frac{M_s}{n} \quad , \tag{3.119}$$

wobei

$$n = \frac{N}{V} = \frac{\varphi}{V_p} \tag{3.120}$$

ist. M_s ist die Sättigungsmagnetisierung, n ist die Anzahl der Partikel pro Volumeneinheit, $N = V\varphi/V_p$ ist die Gesamtzahl der Partikel, V ist das Flüssigkeitsvolumen, V_p ist das Einzelpartikelvolumen. Für ein kugelförmiges Partikel gilt $V_p = \pi d^3/6$, mit d als Partikeldurchmesser.

Die Beziehung η/η_f für verschiedene Werte ζ des Parameters ist in Abbildung 3.7 dargestellt.

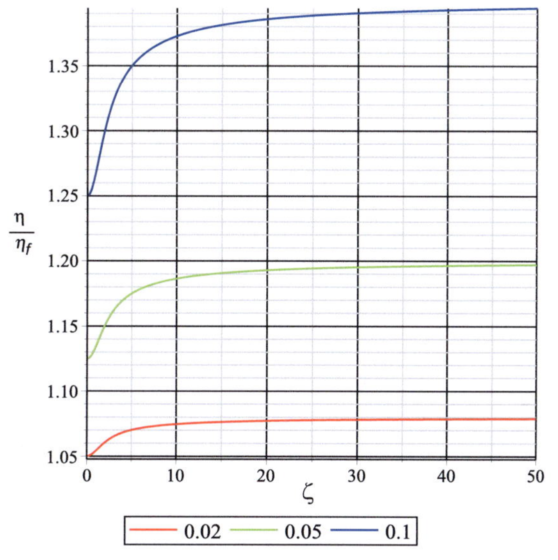

Abbildung 3.7: Die Abhängigkeit des Quotienten $\frac{\eta}{\eta_f}$ vom Langevin-Parameter ζ für drei verschiedene Partikelkonzentrationswerte φ

Nachfolgend untersuchen wir das Verhalten $\frac{\eta}{\eta_f}$ für $\zeta \to 0$ und $\zeta \to \infty$, da für diese Langevin-Parameter das genannte Viskositätsverhältnis nicht definiert ist. Die Bestimmung der beiden Grenzwerte erfolgt über die Anwendung der Regel von L'Hospital. Dazu werden die Ableitungen von Zähler und Nenner berechnet

$$\frac{(4\,\zeta + \tanh\,\zeta)'}{(\zeta + \tanh\,\zeta)'} = \frac{4 + \frac{1}{\cosh^2\zeta}}{1 + \frac{1}{\cosh^2\zeta}}\,. \tag{3.121}$$

Somit erhält man

$$\lim_{\zeta \to 0} \frac{\eta}{\eta_f} = 1 + \frac{5}{2}\,\varphi = \left(\frac{\eta}{\eta_f}\right)_{min} \,. \tag{3.122}$$

Dieser Ausdruck stimmt mit der Einstein-Formel (siehe [57], [74]) überein.

$$\lim_{\zeta \to \infty} \frac{\eta}{\eta_f} = 1 + 4\,\varphi = \left(\frac{\eta}{\eta_f}\right)_{max} \,. \tag{3.123}$$

Der Unterschied zwischen den Maximal- und Minimalwerten beträgt

$$\left(\frac{\eta}{\eta_f}\right)_{max} - \left(\frac{\eta}{\eta_f}\right)_{min} = \frac{3}{2}\,\varphi \,. \tag{3.124}$$

Aus den in der Abbildung gezeigten Kurven folgt, dass das Verhältnis $\frac{\eta}{\eta_f}$ für $\zeta \geq 20$ nur noch eine schwache Abhängigkeit vom Langevin-Parameter zeigt. Vorausblickend auf den ferrofluidgestützten Motor im Kapitel 3 bestimmt man die Größenordnung von ζ für diese konkrete Applikation.

Die fundamentalen Parameter μ_0 und k lauten

$$\mu_0 = 4\pi \cdot 10^{-7}\mathrm{H/m} = 1.26 \cdot 10^{-6}\mathrm{N/A}^2 \,, \quad k = 1.38 \cdot 10^{-23}\mathrm{J/K} \,. \tag{3.125}$$

Für die motorabhängigen Parameter gilt:

$$H = 5 \cdot 10^4\mathrm{A/m} \,, \quad M_s = 3.5 \cdot 10^4\mathrm{A/m} \quad d = 1 \cdot 10^{-8}\ \mathrm{m} \,, \quad \varphi = 0.1 \,. \tag{3.126}$$

Das bedeutet für das Partikelvolumen $V_p = 5.23 \cdot 10^{-25}\ \mathrm{m}^3$, die Anzahl der Partikel pro Volumeneinheit $n = 1.91 \cdot 10^{23}\ \mathrm{m}^{-3}$ und das magnetische Moment des Partikels $m = 1.83 \cdot 10^{-19}\ \mathrm{A} \cdot \mathrm{m}^2$.

Die Langevin-Parameter ζ_0 und ζ_1 für die angenommenen Temperaturwerte an den Grenzen $T = T_{R_0} = 353$ K und $T = T_{R_1} = 293$ K lauten somit $\zeta_0 = \zeta(T_{R_0}) = 3.68$ und $\zeta_1 = \zeta(T_{R_1}) = 3.08$.

Aus der Gleichung (3.118) folgt

$$\left(\frac{\eta}{\eta_f}\right)_{\zeta_0} = 1 + 3.36\,\varphi \,, \quad \left(\frac{\eta}{\eta_f}\right)_{\zeta_1} = 1 + 3.27\,\varphi \tag{3.127}$$

und als Differenz der beiden Werte erhält man

$$\Delta\left(\frac{\eta}{\eta_f}\right) = \left(\frac{\eta}{\eta_f}\right)_{\zeta_0} - \left(\frac{\eta}{\eta_f}\right)_{\zeta_1} = 0.09\ \varphi\,. \tag{3.128}$$

Für den sehr hohen Partikelanteil $\varphi\ = 0.1$ ist der Wert $\Delta\left(\frac{\eta}{\eta_f}\right) = 0.009 < 0.01$. Somit ist im betrachteten Anwendungsfall die Abhängigkeit des Wertes $\frac{\eta}{\eta_f}$ von der Temperatur gemäß Formel (3.118) unerheblich.

3.5 Randwertproblem im Kontext des Taylor-Couette-Systems

Wenn die Viskosität η des Fluids von der Temperatur T abhängig ist, liegt ein nichtlineares Randwertproblem vor, welches nicht immer eine Lösung besitzt.
Nachfolgend wird zur besseren Verallgemeinerbarkeit der Ergebnisse zu einer dimensionslosen Darstellung zur Bestimmung des stationären Temperaturfeldes im Taylor-Couette-System für den Fall $\eta = \eta\,(T)$ übergegangen. Die dimensionslosen Größen werden mit einem Stern (*) gekennzeichnet. Mit der Einführung einer charakteristischen Temperatur T_c können die dimensionslosen Größen wie folgt beschrieben werden:

$$v^* = \frac{v}{\omega R_0} \quad , \quad T^* = \frac{T}{T_c} \quad , \quad r^* = \frac{r - R_0}{R_1 - R_0} \quad . \tag{3.129}$$

Die Abhängigkeit der Viskosität von der Temperatur wird in der Form

$$\eta = \eta_c \eta^*\,(T^*) \tag{3.130}$$

dargestellt. Dabei ist η_c eine charakteristische Viskosität.
Aus (3.129) folgt für die Zylinderkoordinate r

$$r = R_0\left(1 + \frac{R_1 - R_0}{R_0}\, r^*\right) \quad . \tag{3.131}$$

Für das zu untersuchende Taylor-Couette-System kann ein dimensionsloser Parameter ε gemäß $\varepsilon\ = \ (R_1 - R_0)\,/R_0$ eingeführt werden. Mit diesem Parameter und der

Bezeichnung x anstelle von r^*, nimmt (3.131) die Form

$$r = R_0\,(1 + \varepsilon x) \tag{3.132}$$

an und für die Variable x gilt

$$x = \frac{r - R_0}{\varepsilon R_0} = \frac{r - R_0}{R_1 - R_0} \quad . \tag{3.133}$$

Die Bewegungsgleichung (3.53) nimmt somit in dimensionsloser Darstellung die Form

$$\frac{d}{dx}\left(\eta^*\left(T^*\right)\left(\frac{dv^*}{dx} - \frac{\varepsilon v^*}{1+\varepsilon x}\right)\right) + \frac{2\varepsilon}{1+\varepsilon x}\eta^*\left(T^*\right)\left(\frac{dv^*}{dx} - \frac{\varepsilon v^*}{1+\varepsilon x}\right) = 0. \tag{3.134}$$

an.

Die stationäre Temperaturgleichung aus (3.83) lautet in dimensionsloser Darstellung somit

$$\frac{d^2T^*}{dx^2} + \frac{\varepsilon}{1+\varepsilon x}\cdot\frac{dT^*}{dx} + \frac{\eta_c\omega^2R_0^2}{\lambda T_c}\,\eta^*\left(T^*\right)\left(\frac{dv^*}{dx} - \frac{\varepsilon v^*}{1+\varepsilon x}\right)^2 = 0 \quad . \tag{3.135}$$

Mit einer weiteren Bezeichnung α_0 gemäß

$$\alpha_0 = \frac{\eta_c\omega^2R_0^2}{\lambda T_c} \tag{3.136}$$

wird die Wärmestromgleichung in dimensionsloser Form (3.135) zu

$$\frac{d^2T^*}{dx^2} + \frac{\varepsilon}{1+\varepsilon x}\cdot\frac{dT^*}{dx} + \alpha_0\,\eta^*\left(T^*\right)\left(\frac{dv^*}{dx} - \frac{\varepsilon v^*}{1+\varepsilon x}\right)^2 = 0 \quad . \tag{3.137}$$

Die zugehörigen Randbedingungen in dimensionsloser Form lauten - für das Randwertproblem 1 (Temperatur $\rightarrow$ Temperatur):

$$T^*\Big|_{x=0} = \frac{T_{R_0}}{T_c} = \gamma_0 \qquad , \qquad T^*\Big|_{x=1} = \frac{T_{R_1}}{T_c} = \gamma_1 \quad , \tag{3.138}$$

und für das Randwertproblem 2 (Temperatur $\rightarrow$ Wärmestrom)

$$T^*\Big|_{x=0} = \frac{T_{R_0}}{T_c} = \gamma_0 \qquad , \qquad \frac{dT^*}{dx}\Big|_{x=1} = -\,\frac{q_{R_1}\,R_0\,\varepsilon}{\lambda\,T_c} = -\,\beta \quad . \tag{3.139}$$

Aus (3.137), (3.138) und (3.139) folgt, dass das zu lösende Randwertproblem jeweils von drei Parametern abhängt: α_0, γ_0 und γ_1 bzw. α_0, γ_0 und β.

Ein Randwertproblem für ein System nichtlinearer Differentialgleichungen hat nicht immer eine Lösung. Physikalisch bedeutet dies, dass möglicherweise keine stationäre Temperaturverteilung vorliegt. Unter bestimmten Umständen ist eine nicht stationäre Erwärmung der Flüssigkeit möglich. Die Existenz einer stationären Lösung wird somit durch die dreidimensionale Parametermenge $(\alpha_0, \gamma_0, \gamma_1)$ bzw. $(\alpha_0, \beta, \gamma_0)$ bestimmt. Wir machen einige vereinfachende Annahmen, um die Anzahl der Parameter zu reduzieren.

Für dieses Ziel, wird eine Substitution gemäß

$$\theta = T - T_{R_0} \tag{3.140}$$

bzw. in dimensionsloser Form

$$\theta^* = \frac{T}{T_c} - \frac{T_{R_0}}{T_c} = T^* - \gamma_0 \tag{3.141}$$

vorgenommen.

Das führt zu dem nachfolgenden mathematischen Problem:

$$\frac{d^2\theta^*}{dx^2} + \frac{\varepsilon}{1+\varepsilon x} \cdot \frac{d\theta^*}{dx} + \alpha_0\, \eta^*(\theta^* + \gamma_0) \left(\frac{dv^*}{dx} - \frac{\varepsilon v^*}{1+\varepsilon x} \right)^2 = 0 \quad , \tag{3.142}$$

mit einer temperaturabhängigen Viskosität nach (3.107)

$$\begin{aligned} \eta^*(T^*) = \eta^*(\theta^* + \gamma_0) = \exp\left(\frac{C\rho}{T_c T^*}\right) &= \exp\left(\frac{C\rho}{T_c(\theta^* + \gamma_0)}\right) \\ &= \exp\left(\frac{C\rho}{T_c\gamma_0\left(\dfrac{\theta^*}{\gamma_0} + 1\right)}\right) \quad . \end{aligned} \tag{3.143}$$

Weil $T_{R_0} \approx 300$ K , $T_{R_1} \approx 350$ K, $\Delta T = T - T_{R_0} \leq 50$ K sind, so folgt $\dfrac{\Delta T}{T_{R_0}} \approx 0.16$.

$$\frac{\theta^*}{\gamma} = \frac{T - T_{R_0}}{T_{R_0}} \leq 0.16 \tag{3.144}$$

Die Funktion $\eta(T^*)$ hat die Form

$$\begin{aligned} \eta^*(\theta^* + \gamma_0) = \exp\left(\frac{C\rho}{T_{R_0}}\left(1 - \frac{\theta^*}{\gamma}\right)\right) &= \exp\left(\frac{C\rho}{T_{R_0}}\right) \cdot \exp\left(-\frac{C\rho}{T_{R_0}\gamma_0}\theta^*\right) = \\ &\exp\left(\frac{C\rho}{T_{R_0}}\right) \cdot \exp\left(-\frac{C\rho \cdot T_c}{T_{R_0}^2}\theta^*\right) \quad . \end{aligned} \tag{3.145}$$

Wenn die charakteristische Temperatur $T_c = \dfrac{T_{R_0}^2}{C\rho}$ ist, folgt

$$\frac{d}{dx}\left(e^{-\theta^*}\left(\frac{dv^*}{dx}-\frac{\varepsilon v^*}{1+\varepsilon x}\right)\right)+\frac{2\varepsilon}{1+\varepsilon x}\,e^{-\theta^*}\left(\frac{dv^*}{dx}-\frac{\varepsilon v^*}{1+\varepsilon x}\right)=0. \tag{3.146}$$

$$\frac{d^2\theta^*}{dx^2}+\frac{\varepsilon}{1+\varepsilon x}\cdot\frac{d\theta^*}{dx}+\alpha_1 e^{-\theta^*}\left(\frac{dv^*}{dx}-\frac{\varepsilon v^*}{1+\varepsilon x}\right)^2=0\quad . \tag{3.147}$$

mit

$$\begin{gathered}\alpha_1=\alpha_0\;exp\left(\frac{C\rho}{T_{R_0}}\right)=\frac{\eta_c\omega^2R_0^2C\rho}{\lambda T_{R_0}^2}\;exp\left(\frac{C\rho}{T_{R_0}}\right),\;\eta_c=\eta_0K_\varphi\\ v^*=\frac{v}{\omega R_0},\quad \theta^*=\frac{C\rho}{T_{R_0}^2}\cdot(T-T_{R_0}),\quad \varepsilon=\frac{d}{R_0}=\frac{R_1-R_0}{R_0}.\end{gathered} \tag{3.148}$$

Das führt zu Randbedingungen in der folgenden Form, wenn an den Grenzen $x=0$ und $x=1$ Geschwindigkeiten und Temperaturen oder Wärmestrom gegeben sind:

$$v^*\Big|_{x=0}=1\qquad,\qquad v^*\Big|_{x=1}=0 \tag{3.149}$$

und

$$\theta^*\Big|_{x=0}=0\qquad,\qquad \theta^*\Big|_{x=1}=\gamma_1-\gamma_0=-\gamma_{1\theta},\qquad \gamma_{1\theta}>0 \tag{3.150}$$

oder zu

$$\theta^*\Big|_{x=0}=0\qquad,\qquad \frac{d\theta^*}{dx}\Big|_{x=1}=-\,\beta,\qquad \beta>0\quad, \tag{3.151}$$

wobei

$$\gamma_{1\theta}=\frac{C\rho\,(T_{R_0}-T_{R_1})}{T_{R_0}^2}\qquad,\quad \beta=\frac{q_{R_1}R_0\,C\rho\,\varepsilon}{\lambda\,T_{R_0}^2} \tag{3.152}$$

sind. Damit enthält das betrachtete System nur noch zwei dimensionslose Parameter (α_1, $\gamma_{1\theta}$ oder α_1, β).

Für die numerische Integration wird abschließend das System (3.146), (3.147) in die Form

$$\frac{d^2v^*}{dx^2}-\frac{dv^*}{dx}\cdot\frac{d\theta^*}{dx}+\frac{\varepsilon}{1+\varepsilon x}\cdot\frac{dv^*}{dx}-\frac{\varepsilon v^*}{1+\varepsilon x}\cdot\frac{d\theta^*}{dx}-\frac{\varepsilon^2v^*}{(1+\varepsilon x)^2}=0\,, \tag{3.153}$$

$$\frac{d^2\theta^*}{dx^2} + \frac{\varepsilon}{1+\varepsilon x} \cdot \frac{d\theta^*}{dx} + \alpha_1 e^{-\theta^*} \left(\frac{dv^*}{dx} - \frac{\varepsilon v^*}{1+\varepsilon x} \right)^2 = 0 \quad . \tag{3.154}$$

gebracht.

Die Ergebnisse der numerischen Integration des obigen Systems (3.153), (3.154) für die Parameterwerte

$$\begin{aligned} &R_0 = 5 \cdot 10^{-2}\,\mathrm{m} \quad , && R_1 = 5.2 \cdot 10^{-2}\,\mathrm{m} \quad , && T_{R_0} = 353\,\mathrm{K} \quad , \\ &T_{R_1} = 293\,\mathrm{K} \quad , && \omega = 100\,\mathrm{s}^{-1} \quad , && \varphi = 0.1 \quad , \\ &C = 1.534\,\mathrm{Km^3kg^{-1}} \quad , && \rho = 1.4 \cdot 10^3\,\mathrm{kgm^{-3}} \quad , && \lambda = 0.15\,\mathrm{Wm^{-1}K^{-1}} \\ &\eta_c = 6.6 \cdot 10^{-5}\mathrm{Pa\,s} \end{aligned} \tag{3.155}$$

sind in den Abbildungen 3.9 und 3.8 gezeigt.

Somit kann festgestellt werden, dass für praktisch relevante Parameterwerte das Randwertproblem für das nichtlineare Differentialgleichungssystem eine Lösung besitzt und folglich ein stationärer Wärmestrom möglich ist.

Bemerkung 3: Wie die in diesem Abschnitt aufgeführten Resultate zeigen, beschreibt die lineare Abhängigkeit der Temperatur bzw. der Geschwindigkeit vom Radius r das Systemverhalten, aufgrund des nur sehr kleinen Luftspaltes d, ausreichend gut. Die vorgestellte Methodik besitzt aber einen verallgemeinerbaren Charakter bzw. eine universelle Anwendbarkeit. Dies gilt insbesondere dann, wenn die nichtlinearen Einflüsse eine deutlich größere Rolle für das System spielen.

3.6 Methode des kleinen Parameters

Die Methoden mit kleinem Parameter (Methode der Störungsrechnung, Asymptotische Methode von Krylow-Bogoljubow-Mitropolski) sind Standardverfahren bei der analytischen Behandlung von Aufgaben aus der nichtlinearen Mechanik.

Die nachfolgend zum Einsatz kommende Methode der Störungsrechnung mit kleinem Parameter (kurz: 'Störungsmethode') ist anwendbar, wenn das zu untersuchende Problem nahe an einem Problem mit einer exakten analytischen Lösung liegt. Der

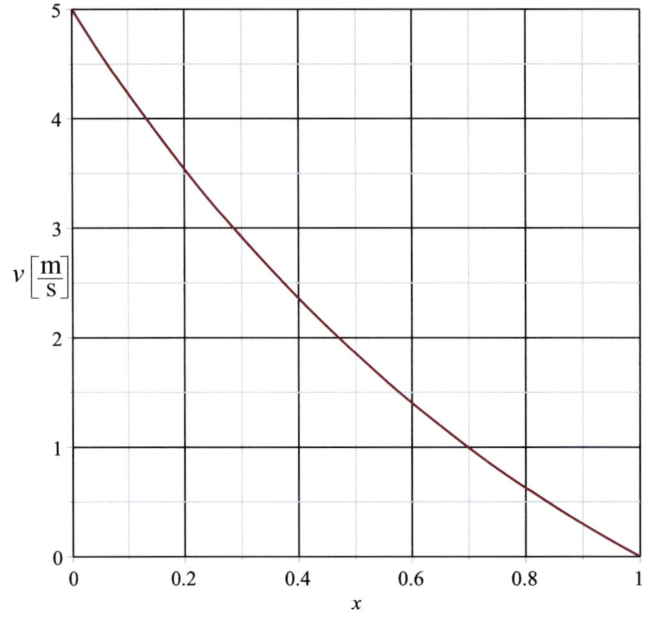

Abbildung 3.8: Geschwindigkeitsabhängigkeit von x mit gegebenen Temperaturen an beiden Rändern

Unterschied beider Probleme liegt in sogenannten 'Störungen', die als klein angenommen werden. Es kann eine Zerlegung der gesuchten Systemvariablen in Form einer Potenzreihe eines kleinen Parameters vorgenommen werden. Üblicherweise wird ein solcher Parameter mit dem Buchstaben ε bezeichnet. Wichtig bei der Anwendung der Methode ist neben der Annahme der Kleinheit (was namensbedingt stets bei der Methodenanwendung überprüft wird) aber auch, dass die Unterschiede nicht singulär sind, das heißt, die entsprechenden Störungen sind stetige Funktionen des kleinen Parameters ε.

Im Falle der vorliegenden Aufgabe bzw. dem formulierten mathematisch-mechanischen Problem der Taylor-Couette-Strömung kann das Verhältnis des Abstandes zwischen den Zylindern $d = R_1 - R_0$ zum Radius eines der beiden Zylinder (zum Beispiel

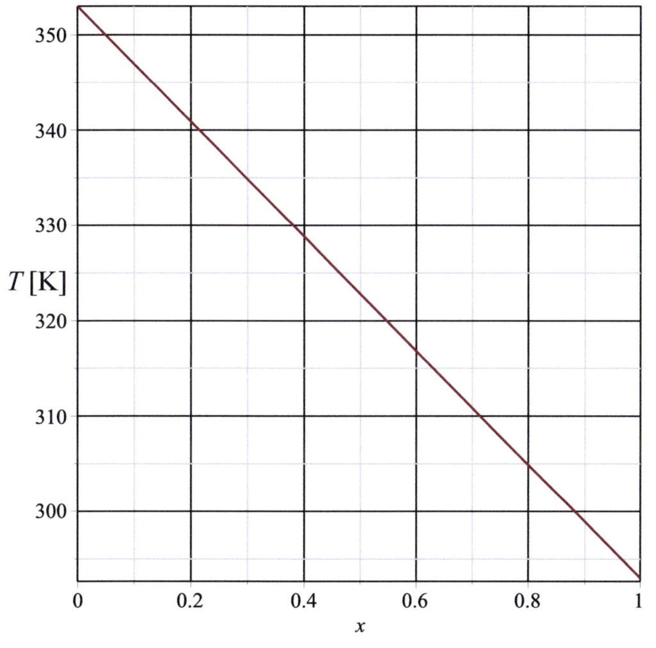

Abbildung 3.9: Temperaturabhängigkeit von x mit gegebenen Temperaturen an beiden Rändern

des kleineren Zylinders R_0) als ein solcher Parameter gewählt werden. Wenn dieser Radius R_0 gegen unendlich geht, tendiert der Wert des Parameters ε gegen Null. Somit entspricht die Nullapproximation ($\varepsilon = 0$) der Strömung zwischen zwei Ebenen (Oberflächen mit Nullkrümmung).

Für den Fall, dass die Viskosität η konstant ist, wurden mit den Annahmen bezüglich der Flüssigkeitsgeschwindigkeit und der Flüssigkeitstemperatur genaue analytische Lösungen der entsprechenden Gleichungen gefunden. Wir werden auf das Problem in diesem Abschnitt die Methode des kleinen Parameters anwenden, um die Näherungslösung mit der exakten Lösung in den o.g. Fällen vergleichen zu können.

3.6.1 Geschwindigkeit als Potenzreihe eines kleinen Parameters für den Fall $\eta = konst.$

Im Falle einer konstanten Viskosität lässt sich die Bewegungsgleichung (3.53) in die Form

$$\frac{d^2v}{r^2} + \frac{1}{r}\frac{dv}{dr} - \frac{v}{r^2} = 0 \tag{3.156}$$

überführen. Der entsprechende kleine Parameter sei

$$\varepsilon = \frac{d}{R_0}, \quad d = R_1 - R_0\,. \tag{3.157}$$

Wir führen eine neue Variable x gemäß

$$x = \frac{r - R_0}{R_1 - R_0} = \frac{r - R_0}{\varepsilon R_0} \tag{3.158}$$

ein. Damit lauten die Ableitungen in (3.156)

$$\frac{dv}{dr} = \frac{1}{R_0\,\varepsilon} \cdot \frac{dv}{dx} \tag{3.159}$$

und

$$\frac{d^2v}{dr^2} = \frac{1}{R_0^2\,\varepsilon^2} \cdot \frac{d^2v}{dx^2} \quad . \tag{3.160}$$

Für die Zylinderkoordinate r gilt

$$r = R_0 + (R_1 - R_0)x = R_0(1 + \varepsilon x) \tag{3.161}$$

und damit wird aus (3.156) die Gleichung

$$\frac{1}{R_0^2\,\varepsilon^2} \cdot \frac{d^2v}{dx^2} + \frac{1}{R_0^2\,\varepsilon\,(\,1+\;\varepsilon\;x)} \cdot \frac{dv}{dx} - \frac{v}{R_0^2\,(\,1+\;\varepsilon\;x)^2} = 0 \tag{3.162}$$

und schließlich

$$\frac{d^2v}{dx^2} + \varepsilon\,(1+\varepsilon x)^{-1}\,\frac{dv}{dx} - \varepsilon^2(1+\;\varepsilon\;x)^{-2}v = 0\,. \tag{3.163}$$

Da $r = R_0$ und $r = R_1$ den Werten $x = 0$ und $x = 1$ entsprechen, lauten die Randbedingungen

$$v(0) = \omega R_0\,, \quad v(1) = 0\,. \tag{3.164}$$

Die Geschwindigkeit als Potenzreihe des Parameters ε hat die Form

$$v(x) = v_0(x) + \varepsilon v_1(x) + \varepsilon^2 v_2(x) + \ldots\,. \tag{3.165}$$

Nach dem Einsetzen der Geschwindigkeit v gemäß (3.165) in (3.163) werden mittels des Verschwindungsoperators O alle ε mit einer Potenz ≥ 3 vernachlässigt, was zu folgender Gleichungsform für die Geschwindigkeit v führt

$$\frac{d^2}{dx^2}(v_0 + \varepsilon v_1 + \varepsilon^2\, v_2) + \varepsilon(1 - \varepsilon x)\frac{d}{dx}(v_0 + \varepsilon v_1) - \varepsilon^2 v_0 + O(\varepsilon^3) = 0\,. \tag{3.166}$$

Nach einer Umformung folgt

$$\frac{d^2 v_0}{dx^2} + \varepsilon\left(\frac{d^2 v_1}{dx^2} + \frac{dv_0}{dx}\right) + \varepsilon^2\left(\frac{d^2 v_2}{dx^2} + \frac{dv_1}{dx} - x\frac{dv_0}{dx} - v_0\right) + O(\varepsilon^3) = 0\,. \tag{3.167}$$

Die Randbedingungen (3.164) haben gemäß (3.165) die Form

$$\begin{aligned} v_0(0) + \varepsilon v_1(0) + \varepsilon^2 v_1(0) + \ldots &= \omega R_0\,, \\ v_0(1) + \varepsilon v_1(1) + \varepsilon^2 v_1(1) + \ldots &= 0\,. \end{aligned} \tag{3.168}$$

Im Fall der nullten Näherung gilt

$$\frac{d^2 v_0}{dx^2} = 0\,, \quad v_0(0) = \omega R_0\,, \quad v_0(1) = 0\,. \tag{3.169}$$

Die zweimalige Integration über x liefert

$$v_0(x) = C_1^0 x + C_2^0 \tag{3.170}$$

mit den Integrationskonstanten C_1^0 und C_2^0, die aus den Randbedingungen in (3.169) zu

$$C_1^0 = -\omega R_0\,, \quad C_2^0 = \omega R_0 \tag{3.171}$$

folgen. Damit bestimmt sich die Funktion $v_0(x)$ wie folgt

$$v_0 = \omega R_0 \, (1 - x) \; . \tag{3.172}$$

Es ergibt sich aus (3.167) für die erste Näherung (d.h. für die Funktion $v_1(x)$)

$$\frac{d^2 v_1}{dx^2} + \frac{dv_0}{dx} = 0 \tag{3.173}$$

bzw. unter Berücksichtigung von (3.172)

$$\frac{d^2 v_1}{dx^2} = \omega \; R_0 \, . \tag{3.174}$$

Die Funktion $v_1(x)$ folgt somit durch eine zweifache Integration über x in der Form

$$v_1 = \omega R_0 \frac{x^2}{2} + C_1^1 x + C_2^1 \, . \tag{3.175}$$

Mit den Randbedingungen $v_1(0) = 0$ und $v_1(1) = 0$ folgen die Integrationskonstanten zu

$$C_1^1 = -\frac{\omega \; R_0}{2} \qquad C_2^1 = 0 \, , \tag{3.176}$$

und damit erhält man

$$v_1 = -\frac{\omega R_0}{2} x \, (1 - x) \qquad . \tag{3.177}$$

Die Geschwindigkeit $v(x)$ lautet gemäß Ansatz (3.165)

$$v = \; v_0 \; + \; \varepsilon \; v_1 \; = \; \omega R_0 \, (1 - x) \left(1 - \frac{\varepsilon \; x}{2}\right) + O(\varepsilon^2) \, . \tag{3.178}$$

Die Betrachtung der zweiten Näherung nach (3.167) ergibt die Forderung

$$\frac{d^2 v_2}{dx^2} + \frac{dv_1}{dx} - x \; \frac{dv_0}{dx} - v_0 = 0 \quad . \tag{3.179}$$

Die Wiederholung der vorangegangenen Prozeduren, d.h. das Umstellen von (3.179) und Einsetzen von $\frac{dv_1}{dx}$, $\frac{dv_0}{dx}$ und v_0 führt zur Gleichung

$$\frac{d^2 v_2}{dx^2} \; = \; -3 \; \omega R_0 \; x + \frac{3}{2} \; \omega R_0 \quad . \tag{3.180}$$

Die Integration dieser Differentialgleichung (3.180) ergibt für $v_2(x)$ die Beziehung

$$v_2 = -\frac{\omega R_0}{2}\, x^3 + \frac{3\,\omega R_0}{4}\, x^2 + C_1^2\, x + C_2^2\,. \tag{3.181}$$

Über die Randbedingungen $v_2(0) = 0$, $v_2(1) = 0$ folgt

$$C_1^2 = -\frac{\omega\, R_0}{4}\,, \quad C_2^2 = 0 \tag{3.182}$$

und somit

$$v_2 = \omega R_0\, x \left(-\frac{x^2}{2} + \frac{3\,x}{4} - \frac{1}{4}\right)\,. \tag{3.183}$$

Mit den Funktionen v_0 aus (3.172), v_1 aus (3.177) und v_2 aus (3.183) hat die Geschwindigkeit $v(x)$ die Form

$$\begin{aligned} v = \omega R_0\,(1-x) - \varepsilon\,\frac{\omega\, R_0}{2}\, x\,(1-x) \\ +\varepsilon^2\,\omega R_0\, x \left(-\frac{x^2}{2} + \frac{3\,x}{4} - \frac{1}{4}\right) + O\left(\varepsilon^3\right)\,. \end{aligned} \tag{3.184}$$

Durch eine weitere Umformung erhält man

$$\begin{aligned} v = \omega R_0\;(1-x) - \frac{\varepsilon}{2}\, x\,\omega\, R_0\;(1-x) \\ +\frac{\varepsilon^2}{2}\, x\,\omega R_0\;(1-x)\left(x - \frac{1}{2}\right) + O\left(\varepsilon^3\right) \end{aligned} \tag{3.185}$$

und schließlich die endgültige Form

$$v(x) = \omega R_0\;(1-x)\left(1 - \frac{\varepsilon}{2}\, x + \frac{\varepsilon^2}{2}\, x\left(x - \frac{1}{2}\right)\right) + O\left(\varepsilon^3\right)\,. \tag{3.186}$$

Die Abbildungen 3.10 und 3.11 zeigen die Abhängigkeiten der Geschwindigkeit vom Wert x sowohl der exakten Lösung v als auch der Näherungslösungen mit einer Genauigkeit von ε^0, ε^1 und ε^2. Aus den Abbildungen ist ersichtlich, dass bei $R_1 = 5$ cm, $R_2 = 5,2$ cm ($d = 2$ mm) die exakte Lösung praktisch mit der nullten Näherung übereinstimmt und die nachfolgenden Näherungen nicht von der genauen Lösung oder auch voneinander selbst abweichen (siehe Abbildung 3.10). Der Unterschied der nullten Näherung von der exakten Lösung bzw. Näherungen höherer Ordnung ist bei $d = 20$ mm (siehe Abbildung 3.11) zwar sichtbar, aber selbst in diesem Fall klein.

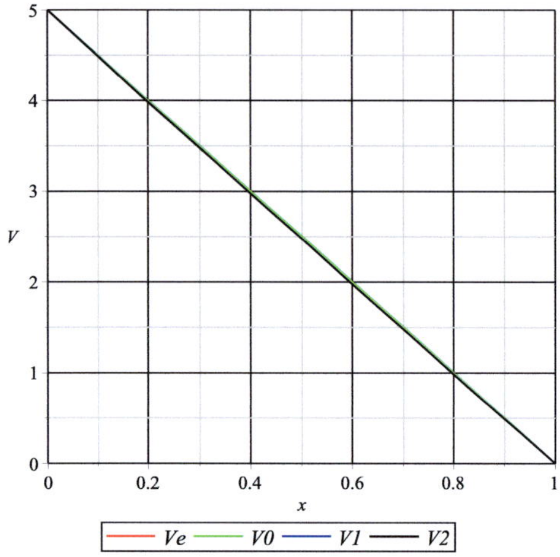

Abbildung 3.10: Geschwindigkeit $v(x)$ für $d = 2$ mm (rot: exakte Lösung; grün: nullte Näherung; blau: erste Näherung; schwarz: zweite Näherung)

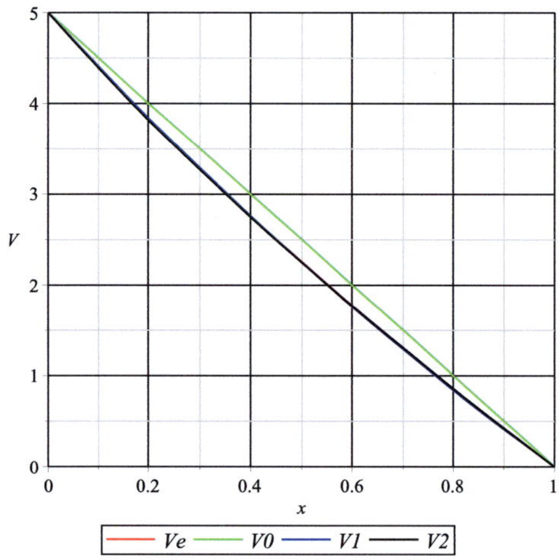

Abbildung 3.11: Geschwindigkeit $v(x)$ für $d = 20$ mm (rot: exakte Lösung; grün: nullte Näherung; blau: erste Näherung; schwarz: zweite Näherung)

3.6.2 Temperatur als Potenzreihe eines kleinen Parameters für den Fall $\eta = konst.$

Wir betrachten jetzt die Anwendung der Methode des kleinen Parameters für die stationäre Wärmetransportgleichung unter Berücksichtigung viskoser Dissipation. Mit einer angenommenen konstanten Viskosität η findet man die exakte Lösung der Gleichung und somit kann man auch diese (wie im vorangegangenen Abschnitt) mit der Näherungslösung nach der Methode des kleinen Parameters vergleichen.
Die entsprechende Gleichung für die Temperatur T lautet

$$\frac{d^2T}{dr^2} + \frac{1}{r} \cdot \frac{dT}{dr} + \frac{\eta}{\lambda}\left(\frac{dv}{dr} - \frac{v}{r}\right)^2 = 0\,. \tag{3.187}$$

Erneut wird r gemäß (3.161) durch die Variable x ersetzt, d.h. $r = R_0(1+\varepsilon x)$. Nach einigen Umformungen nimmt die Gleichung (3.187) nunmehr mit der unabhängigen Variablen x die Form

$$\frac{d^2T}{dx^2} + \varepsilon\,(1+\varepsilon x)^{-1}\,\frac{dT}{dx} + \frac{\eta}{\lambda}\left(\frac{dv}{dx} - \varepsilon\,(1+\varepsilon x)^{-1}\,v\right)^2 = 0 \tag{3.188}$$

an.
Genau wie im vorangegangenen Abschnitt die Geschwindigkeit (siehe (3.165)) wird jetzt die Temperatur als Potenzreihe von ε dargestellt, d.h.

$$T(x) = T_0(x) + \varepsilon T_1(x) + \varepsilon^2 T_2(x) + \ldots\,. \tag{3.189}$$

Die Ausdrücke (3.165) und (3.189) werden in die Gleichung (3.188) eingesetzt und führen damit zur neuen Form

$$\frac{d^2}{dx^2}(T_0 + \varepsilon T_1) + \varepsilon\frac{dT_0}{dx} + \frac{\eta}{\lambda}\left(\frac{d}{dx}(v_0 + \varepsilon v_1) - \varepsilon v_0\right)^2 + O(\varepsilon^2) = 0\,. \tag{3.190}$$

Eine Ordnung nach den Potenzen von ε ergibt (dargestellt bis zur ersten Näherung) die Gleichung

$$\begin{aligned} &\frac{d^2T_0}{dx^2} + \frac{\eta}{\lambda}\left(\frac{dv_0}{dx}\right)^2 + \\ &\qquad \varepsilon\left(\frac{d^2T_1}{dx^2} + \frac{dT_0}{dx} + \frac{2\eta}{\lambda}\cdot\frac{dv_0}{dx}\left(\frac{dv_1}{dx} - v_0\right)\right) + O(\varepsilon^2) = 0\,. \end{aligned} \tag{3.191}$$

Für die nullte Näherung gilt

$$\frac{d^2T_0}{dx^2}+\frac{\eta}{\lambda}\left(\frac{dv_0}{dx}\right)^2=0\,. \tag{3.192}$$

Unter Berücksichtigung von (3.172) finden wir

$$\frac{d^2T_0}{dx^2}+\frac{\eta}{\lambda}\,\omega^2R_0^2=0\,. \tag{3.193}$$

Wir betrachten das Randwertproblem mit den gegebenen Temperaturen T_{R_0} und T_{R_1} an den Rändern, d.h.

$$T(0)=T_{R_0}\,,\quad T(1)=T_{R_1} \tag{3.194}$$

und somit gilt

$$T_0(0)=T_{R_0}\,,\quad T_0(1)=T_{R_1}\,,\quad T_1(0)=T_1(1)=0\,. \tag{3.195}$$

Aus Gleichung (3.193) erhält man unter Berücksichtigung der Beziehungen (3.195)

$$T_0(x)=\frac{\eta}{2\lambda}\,\omega^2R_0^2\,x(1-x)+(T_{R1}-T_{R0})x+T_{R0}\,. \tag{3.196}$$

Die Funktion $T_1(x)$ folgt aus der ersten Näherung von (3.191), d.h. der Betrachtung von ε^1. Man erhält

$$\frac{d^2T_1}{dx^2}+\frac{dT_0}{dx}+\frac{2\eta}{\lambda}\cdot\frac{dv_0}{dx}\left(\frac{dv_1}{dx}-v_0\right)=0\,. \tag{3.197}$$

Unter Berücksichtigung von (3.172), (3.177) und (3.196) findet man die Differentialgleichung für $T_1(x)$

$$\frac{d^2T_1}{dx^2}-5\,\frac{\eta}{\lambda}\,\omega^2R_0^2\,x+\frac{7}{2}\cdot\frac{\eta}{\lambda}\,\omega^2R_0^2+T_{R1}-T_{R0}=0\,. \tag{3.198}$$

Mit den Randbedingungen (3.195) folgt für $T_1(x)$

$$T_1(x)=\frac{\eta}{\lambda}\,\omega^2R_0^2\left(\frac{5}{6}x^3-\frac{7}{4}x^2+\frac{11}{12}x\right)+\frac{1}{2}x(1-x)(T_{R1}-T_{R0})\,. \tag{3.199}$$

Abschließend erhält man für die Temperatur den Ausdruck

$$
\begin{aligned}
T(x) = \frac{\eta}{2\lambda}\,\omega^2 R_0^2\, x(1-x) + (T_{R1} - T_{R0})x + T_{R0} + \\
\varepsilon\, x(1-x)\left(\frac{1}{2}(T_{R1} - T_{R0}) + \frac{\eta}{12\lambda}\,\omega^2 R_0^2\,(11-10x)\right) + O(\varepsilon^2)\,.
\end{aligned}
\tag{3.200}
$$

Die Abbildungen 3.12 und 3.13 zeigen die Abhängigkeit der Temperatur im Fall der exakten Lösung $T(x)$ und im Fall der Näherungslösung mit einer Genauigkeit von ε^0 bis ε^1. Wenn $R_1 = 5$ cm, $R_2 = 5.2$ cm sind, fällt die exakte Lösung praktisch mit der nullten Näherung zusammen.
Somit kann im betrachteten Fall die Strömung zwischen zwei Zylindern auf ein Strömungsproblem zwischen zwei Ebenen reduziert werden.

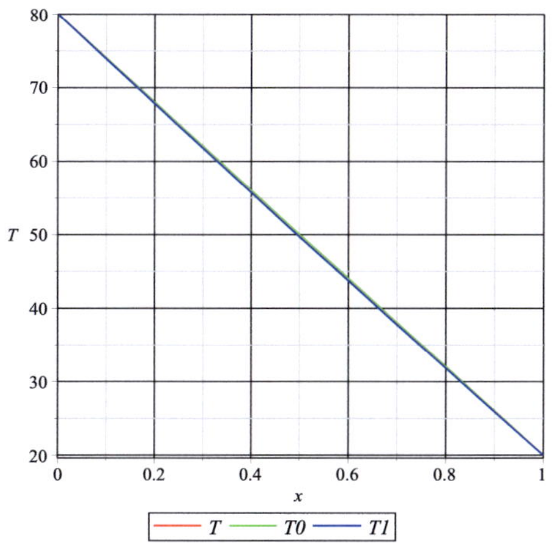

Abbildung 3.12: Temperatur $T(x)$ für $d = 2$ mm (rot: exakte Lösung; grün: nullte Näherung; blau: erste Näherung)

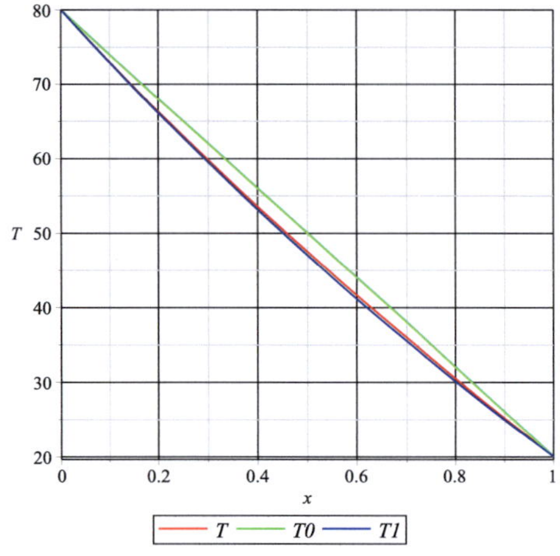

Abbildung 3.13: Temperatur $T(x)$ für $d = 20$ mm (rot: exakte Lösung; grün: nullte Näherung; blau: erste Näherung)

3.6.3 Temperatur als Potenzreihe eines kleinen Parameters für den Fall $\eta = \eta\,(T)$

Wie im vorangegangenen Abschnitt festgestellt, entspricht bei einer konstanten Viskosität η die nullte Näherung der Strömung zwischen zwei flachen, parallelen Platten. Das Ergebnis unterscheidet sich nur wenig von der exakten analytischen Lösung.

Für den Fall einer temperaturabhängigen dynamischen Viskosität η folgt aus dem System (3.146) (3.147) (wieder mit dem Übergang von r zu $r^* = x$ gemäß (3.133)) in der nullten Näherung in dimensionsloser Darstellung (der Stern (*) in der Bezeichnung entfällt)

$$\begin{aligned} \frac{d}{dx}\left(e^{-\theta}\frac{dv}{dx}\right) &= 0\,, \\ \frac{d^2\theta}{dx^2} + \alpha_1 e^{-\theta}\left(\frac{dv}{dx}\right)^2 &= 0\,, \end{aligned} \tag{3.201}$$

mit der dimensionslosen Größe $\theta = \frac{T - T_{R0}}{T_c}$ und mit den Randbedingungen

$$\begin{aligned} v(0) = 1\,, \quad v(1) = 0\,, \\ \theta(0) = 0\,, \quad \theta(1) = -\gamma_{1\theta}\,. \end{aligned} \tag{3.202}$$

Darin sind

$$\alpha_1 = \frac{\eta_c \omega^2 R_0^2}{\lambda T_c} \quad, \gamma_{1\theta} = \frac{T_{R0} - T_{R1}}{T_c}\,, \quad T_c = \frac{T_{R0}^2}{C\rho} \quad . \tag{3.203}$$

Nach der Integration die ersten Gleichung (3.201) findet man

$$e^{-\theta}\frac{dv}{dx} = C_1\,. \tag{3.204}$$

Für die Konstante C_1 muss gelten $C_1 < 0$, da die Geschwindigkeit abnimmt. Nach der Bestimmung von $\frac{dv}{dx}$ aus (3.204) und dem Einsetzen in die zweite Gleichung (3.201), folgt schließlich die Differentialgleichung

$$\frac{d^2\theta}{dx^2} + \alpha_1 {C_1}^2 e^{\theta} = 0\,. \tag{3.205}$$

Daraus folgt nach Multiplikation beider Seiten mit $\frac{d\theta}{dx}$ und einmaliger Integration über x

$$\left(\frac{d\theta}{dx}\right)^2 = 2\left(C_2 - \alpha_1 {C_1}^2 e^{\theta}\right) \tag{3.206}$$

bzw.

$$\frac{d\theta}{dx} = -\sqrt{2\left(C_2 - \alpha_1 {C_1}^2 e^{\theta}\right)}\,, \tag{3.207}$$

mit der Bedingung $C_2 \geq \alpha_1 {C_1}^2$.

Das Minuszeichen auf der rechten Seite wird gewählt, weil der Temperaturgradient negativ ist.

Die Gleichung (3.207) erster Ordnung kann integriert werden. Man erhält einen Ausdruck für die Temperatur θ, welcher wiederum in die Gleichung (3.204) eingesetzt wird und zur Geschwindigkeit v führt.

Aus den Randbedingungen folgt ein System von vier algebraischen (nicht differentiellen) Gleichungen zur Definition von vier Konstanten C_1, C_2, C_3 und C_4, was nachfolgend gezeigt wird. Die Bedingungen für die Lösbarkeit dieser vier algebraischen Gleichungen in Bezug auf die vier Konstanten sind die Bedingungen für das Vorhandensein eines stationären Wärmeflusses.
Mit der Substitution

$$\tau = \sqrt{2\left(C_2 - \alpha_1 {C_1}^2 e^{\theta}\right)}\,, \tag{3.208}$$

folgen

$$2\,\frac{d\tau}{dx} = -2\alpha_1 {C_1}^2 e^{\theta}\frac{d\theta}{dx} \tag{3.209}$$

und

$$2\,\frac{d\tau}{dx} = 2C_2 - \tau^2\,. \tag{3.210}$$

Aus der Beziehung (3.208) ergibt sich die Ungleichung $2C_2 > \tau^2$. Nach der Integration von (3.210) findet man

$$C_3 - \frac{1}{\sqrt{2C_2}}\ln\frac{\sqrt{2C_2}-\tau}{\sqrt{2C_2}+\tau} = x\,. \tag{3.211}$$

Daraus wiederum folgt für

$$\tau = \sqrt{2C_2}\,\frac{1-e^{\sqrt{2C_2}(C_3-x)}}{1+e^{\sqrt{2C_2}(C_3-x)}}\,. \tag{3.212}$$

Unter Berücksichtigung der Gleichungen (3.201) und (3.208) gilt

$$e^{\theta} = \frac{4C_2}{\alpha_1 {C_1}^2}\cdot\frac{e^{\sqrt{2C_2}(C_3-x)}}{\left(1+e^{\sqrt{2C_2}(C_3-x)}\right)^2}\,, \tag{3.213}$$

und erneut mit Gleichung (3.201) bestimmt sich die Ableitung der Geschwindigkeit zu

$$\frac{dv}{dx} = \frac{4C_2}{\alpha_1 C_1}\cdot\frac{e^{\sqrt{2C_2}(C_3-x)}}{\left(1+e^{\sqrt{2C_2}(C_3-x)}\right)^2}\,. \tag{3.214}$$

Eine neue Substitution gemäß

$$z = e^{\sqrt{2C_2}(C_3 - x)} \tag{3.215}$$

überführt die Gleichung (3.214) in die integrierbare Form

$$\frac{dv}{dz} = -\frac{2\sqrt{2C_2}}{\alpha_1 C_1} \cdot \frac{1}{(1+z)^2} \,. \tag{3.216}$$

Für die Geschwindigkeit gewinnt man zunächst die Beziehung

$$v = \frac{2\sqrt{2C_2}}{\alpha_1 C_1} \cdot \frac{1}{1+z} + C_4 \tag{3.217}$$

und abschließend

$$v = \frac{2\sqrt{2C_2}}{\alpha_1 C_1} \cdot \frac{1}{1 + e^{\sqrt{2C_2}(C_3 - x)}} + C_4 \,. \tag{3.218}$$

Aus den Gleichungen (3.213) und (3.218) lassen sich mit den Randbedingungen (3.202) die Beziehungen

$$\begin{aligned} \frac{2\sqrt{2C_2}}{\alpha_1 C_1} \cdot \frac{1}{1 + e^{\sqrt{2C_2} \cdot C_3}} + C_4 &= 1 \,, \\ \frac{2\sqrt{2C_2}}{\alpha_1 C_1} \cdot \frac{1}{1 + e^{\sqrt{2C_2}(C_3 - 1)}} + C_4 &= 0 \end{aligned} \tag{3.219}$$

und

$$\begin{aligned} \frac{4C_2}{\alpha_1 C_1^2} \cdot \frac{e^{\sqrt{2C_2} \cdot C_3}}{\left(1 + e^{\sqrt{2C_2} \cdot C_3}\right)^2} &= 1 \,, \\ \frac{4C_2}{\alpha_1 C_1^2} \cdot \frac{e^{\sqrt{2C_2}(C_3 - x)}}{\left(1 + e^{\sqrt{2C_2} \cdot (C_3 - 1)}\right)^2} &= e^{-\gamma_{1\theta}} \end{aligned} \tag{3.220}$$

formulieren.

Im Fall eines gegebenen Temperaturgradienten $\frac{d\theta}{dx}$ an der Grenze $x = 1$ anstelle einer Temperatur verwendet man die Gleichung (3.213) und erhält

$$e^{\theta} = \frac{4C_2}{\alpha_1 C_1^2} \cdot \frac{1}{(1+z)^2} \,, \qquad z = e^{\sqrt{2C_2}(C_3 - x)} \,. \tag{3.221}$$

Über den Schritt

$$e^{\theta}\frac{d\theta}{dx} = \frac{4C_2}{\alpha_1 C_1^2} \cdot \frac{1-z}{(1+z)^3} \cdot \frac{dz}{dx} \tag{3.222}$$

erhält man schließlich den Gradienten in der Form

$$\frac{d\theta}{dx} = \frac{1-z}{z(1+z)} \cdot \frac{dz}{dx} = -\sqrt{2C_2}\frac{1-e^{\sqrt{2C_2}(C_3-x)}}{1+e^{\sqrt{2C_2}(C_3-x)}} \tag{3.223}$$

und er ist als Randbedingung (siehe (3.151)) gegeben mit

$$\sqrt{2C_2}\,\frac{1-e^{\sqrt{2C_2}(C_3-1)}}{1+e^{\sqrt{2C_2}(C_3-1)}} = \beta\,. \tag{3.224}$$

Nach Eliminierung der Konstanten C_4 aus der Gleichung (3.219) und mit der Bezeichnung $D_2 = \sqrt{2C_2}$ erhält man das folgende Gleichungssystem

$$\begin{aligned} &\frac{2D_2}{\alpha_1 C_1}\left(\frac{1}{1+e^{D_2C_3}} - \frac{1}{1+e^{D_2(C_3-1)}}\right) = 1\,, \\ &\frac{D_2}{\alpha_1 C_1^2} \cdot \frac{e^{D_2C_3}}{(1+e^{D_2C_3})^2} = 1\,. \end{aligned} \tag{3.225}$$

Die dritte Gleichung hat, wenn die (1) Temperatur an der Grenze $x = 1$ gegeben ist, die Form

$$\frac{D_2}{\alpha_1 C_1^2} \cdot \frac{e^{D_2(C_3-1)}}{(1+e^{D_2(C_3-1)})^2} = e^{-\gamma_{1\theta}} \tag{3.226}$$

und im Falle (2) eines gegebenen Temperaturgradienten an der Grenze $x = 1$ lautet sie

$$D_2\frac{1-e^{D_2(C_3-1)}}{1+e^{D_2(C_3-1)}} = \beta\,. \tag{3.227}$$

Dabei gelten die Forderungen $\alpha_1,\ \gamma_{1\theta},\ \beta > 0,\ \ C_1 < 0,\ \ D_2 \geq -C_1\sqrt{2\alpha_1}$.
Die Realisierung eines stationären Wärmestromes ist folglich gleichbedeutend mit der Existenz einer Lösung eines Systems von drei nichtlinearen algebraischen Gleichungen (3.225), (3.226) oder (3.227) in Bezug auf Konstanten $C_1,\ C_3,\ D_2$.

4 Ferrofluidunterstützte Synchronmaschine

Im vorangegangenen Theorieteil standen neben dem kraftverstärkenden Einfluss des Ferrofluids die Untersuchung der Temperatur und des Wärmestromes innerhalb des Elektromotors, abgebildet in einem Taylor-Couette-System im Fokus. Im Kapitel zwei wurden

- der Aufbau und die Funktion einer permanenterregten Synchronmaschine und
- die Eigenschaften und das Verhalten magnetischer Flüssigkeiten

dargestellt. Nach den *theoretischen* Untersuchungen basierend auf dem genannten Taylor-Couette-Modell als Abstraktionsstufe für einen Elektromotor mit ferrofluidgefülltem Luftspalt folgt in diesem Kapitel eine *experimentelle* Evaluierung an einem Prototyp. Die Motivation der konstruktiv-technologischen Arbeiten und ihre Darstellung resultiert auch aus der Tatsache, dass nach Recherchen keine ferrofluidunterstützten Kleinstantriebe oder Traktionsmaschinen im Automotiv-Umfeld im Serieneinsatz sind.

In Abbildung 4.1 ist der entwickelte Prototyp einer ferrofluidunterstützten permanenterregten Synchronmaschine (PMSM) dargestellt, an der die folgenden experimentellen Untersuchungen nach Tabelle 4.1 auf Seite 86 durchgeführt werden. Die Maschinenart einer PMSM ist über verschiedene Modellbaureihen in sämtlichen elektromechanischen Lenksystemen der Volkswagen AG erfolgreich im Einsatz. Permanentmagnete in Verbindung mit magnetischen Flüssigkeiten erscheinen in Bezug auf deren Hand-

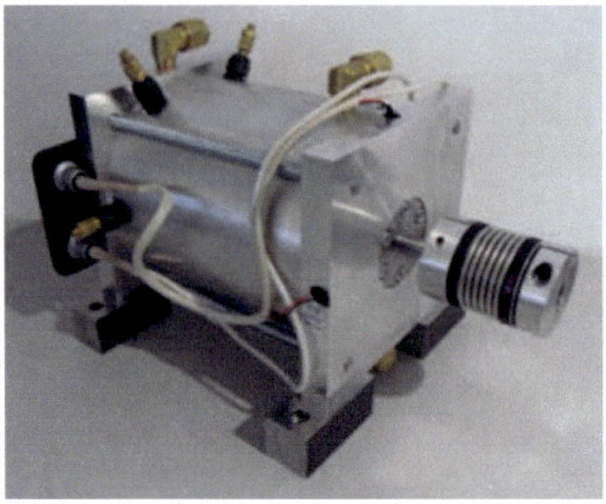

Abbildung 4.1: Prototyp einer ferrofluidunterstützten PMSM

habbarkeit ungeeignet, da sich das ständig präsente Magnetfeld von Permanentmagneten auch auf das Verhalten des Ferrofluids auswirkt. Es soll dennoch das Potential zur Leistungssteigerung von PMSM in Verbindung mit magnetischen Flüssigkeiten in einem ersten experimentellen Ansatz studiert werden.

Elektrische Antriebsmaschinen sollen effizient sein und eine hohe Leistungsdichte haben. Das gilt nicht ausschließlich für Antriebe jeder Leistungsklasse im Automobil. Der Wirkungsgrad des elektrischen Traktionsmotors hat, neben der Klimaanlage als zweitgrößter Verbraucher, einen deutlichen Einfluss auf den Gesamtwirkungsgrad im Gesamtsystem Fahrzeug, weshalb ineffiziente Maschinen auch einen merkbaren Einfluss auf die Reichweite des Fahrzeugs haben. Aus den obengenannten Gründen und den sich daraus ergebenden Anforderungen hat sich die PMSM nicht nur in elektromechanischen Lenksystemen als favorisierter Maschinentyp etabliert [79], [77], [31].

4.1 Auswahl des Konstruktionsprinzips und Aufbau des Prototyps

In Kapitel 2 wurden verschiedene Prinzipien von Antriebsmaschinen dargestellt. Abbildung 4.2 zeigt den schematischen Aufbau einer permanenterregten Synchronma-

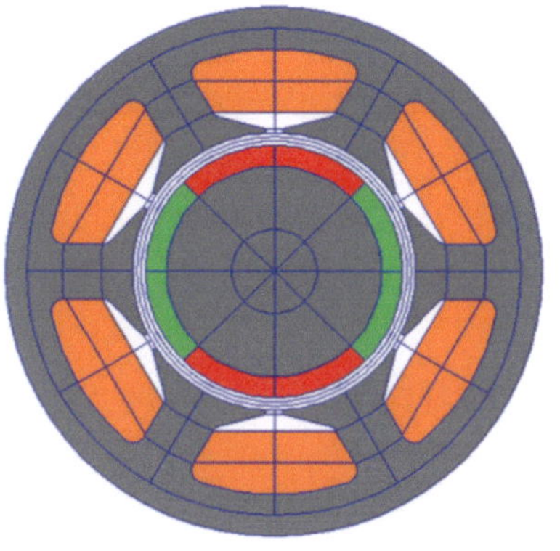

Abbildung 4.2: Schematischer Aufbau der PMSM

schine. Die Abbildung stellt den Blechschnitt des in diesem Kapitel untersuchten Prototyps mit der Statorzahnwicklung, den sechs Nuten und den Oberflächenmagneten auf dem Rotor dar. Der Prototyp wurde mit zwei Polpaaren ausgeführt, in der Praxis sind Maschinen mit deutlich höheren Polpaarzahlen im Einsatz und üblich. Der Elektromotor besteht aus einer feststehenden Komponente, dem Stator, und einer rotierenden Komponente, dem Rotor. Zwischen Rotor und Stator befindet sich ein notwendiger Spalt, der sogenannte Luftspalt, der eine Drehbewegung des Rotors ermöglicht.

Die konkrete Umsetzung und der Aufbau des ferrofluidunterstützen Prototypmotors nach den Vorgaben des Autors erfolgte durch die Firma Krebs und Aulich GmbH in Derenburg. Wesentliche Anforderungen waren

- leichtes Befüllen und Ablassen des Ferrofluids
- geringer Aufwand für die Motordemontage ohne Spezialwerkzeug
- Minimierung des Volumens von Hohlräumen im Motor.

Der letztgenannte Aspekt zielt auf ein kosteneffizientes Produkt, um nicht große Mengen des Ferrofluids zu benötigen.[1] In [52] wurde zu Versuchszwecken ein serienreifer

[1] Der Preis für 1 Liter Ferrofluid EFH 3 liegt bei ca. 400 Euro.

Asynchronmotor verwendet, dessen unregelmäßige Hohlraumgeometrie mit Kunstharz vergossen wurde. Ebenso sind die Nuten mit Kunstharz ausgefüllt worden, um eine glatte Statorinnenseite zu erhalten. Damit wird eine laminare Strömung befördert. Ferner wird in [52] darauf verwiesen, dass Kunstharz gegenüber organischen Lösungsmitteln, wie sie bei Ferrofluiden weitestgehend Verwendung finden, nicht resistent ist. Des Weiteren geht NETHE darauf ein, dass durch das Auffüllen der Hohlräume die Wärmeabfuhr verschlechtert wurde, was sich in einer deutlichen Erwärmung der Maschine besonders im stark belasteten Betrieb äußert.
In der vorliegenden Arbeit wurde aus den oben genannten Gründen auf das Ausgießen des Motors verzichtet. Stattdessen wurde ein Glasfaserrohr in den Stator eingezogen. Daraus ergibt sich, wie in Abbildung 4.3 dargestellt, folgende Werkstoffpaarungen zwischen Rotor und Stator.

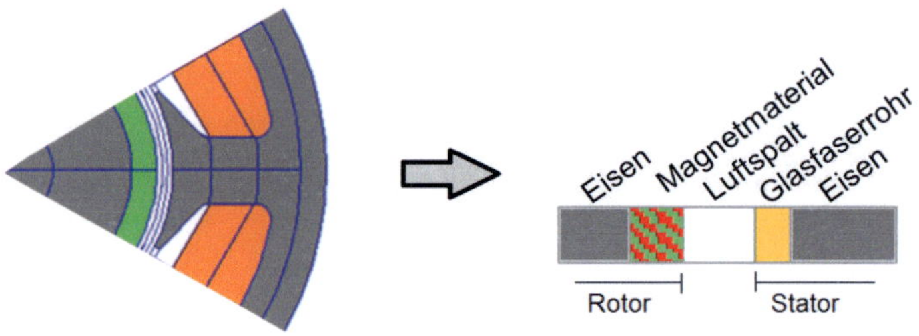

Abbildung 4.3: Teilbereich des Eisenkreises

Auf dem Rotorkern sind die Permanentmagnete (Oberflächenmagnete) aufgeklebt. Abbildung 4.4 zeigt den Rotor des Prototyps mit seinen Magneten. Um die Drehmomentenwelligkeit (Torque Ripple), die durch das Einrasten der Magnetpole des Rotors in die Polschuhe des Stators entsteht, zu reduzieren, werden die Magnete angeschrägt. Das Ferrofluid im Luftspalt liegt im direkten Kontakt an ihnen an. Der nutzbare Luftspalt beträgt 2 mm. Daran schließt sich das Glasfaserrohr, welches an den Polschuhen aufliegt, mit einer Wandstärke von 1 mm an. An dieser Stelle sei ausgeführt, dass serienreife Motoren Luftspalte von ca. 0,5 bis 1,0 mm Breite haben. Der hier vorliegende Prototyp wurde somit wissentlich in seiner Performance verschlechtert.

Abbildung 4.4: Rotormagnet des Prototyps geschrägt

Zusätzlich wird durch das Glasfaserrohr zur Separation die Nutzfläche verringert. Trotz des konstruktiven Kompromisses ist es das Ziel, den Einfluss magnetischer Flüssigkeiten im direkten Vergleich bei einem Prototyp mit überdurchschnittlicher Luftspaltlänge zu untersuchen. Die Übertragbarkeit der Ergebnisse auf Maschinen mit realistischerer Luftspaltbreite ist ggf. mittels Simulationen zu überprüfen. Die Abdichtung rotierender Wellen, beispielsweise der Antriebswelle eines Elektromotors, stellt oft eine Herausforderung dar [63]. Die Entwicklung und Realisierung serienreifer Abdichtungsverfahren wird vom Autor dieser Arbeit nicht vordergründig verfolgt. In Kapitel 4.5 wird in Form eines Ausblicks auf ein mögliches Verfahren eingegangen. Die Abbildung 4.5 zeigt mittels CAD-System erstellte Gesamt- bzw Schnittdarstellungen des Prototyps.

Die Motortopologie besteht aus 6 Statorzähnen und 2 Polpaaren. Zur einfachen und effektiven Bewicklung der Statorzähne sind diese einzeln umwickelt. Der Statorzahnkranz wurde auf einer Form fixiert, verklebt und außen auf das Endmaß abgedreht. Das Gehäuse besteht aus einem Aluminiummantel mit eingeschrumpftem Statorzahnkranz und viereckigen Lagerschilde, die durch Gewindestangen miteinander verschraubt werden. Die Abdichtung der Motorphasenanschlüsse sieht Messinggewindestifte vor, an die innenliegend die drei Phasen der Phasenwicklung angelötet sind. Die Abdichtung erfolgt durch eingeklebte Kabelverschraubungen mit innenseitiger

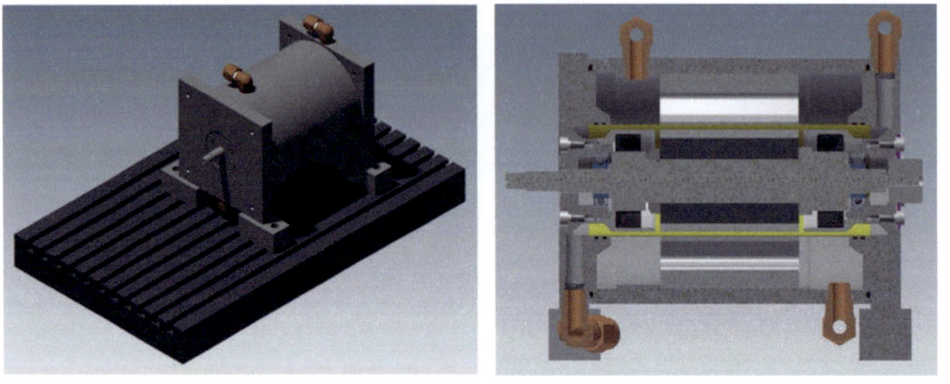

Abbildung 4.5: Konstruktion des Prototypmotors

Dichtung. Im Luftspalt befindet sich ein Glasfaserrohr mit einer Wandstärke von 1 mm, um das Ferrofluid von den Statorwicklungen und dem Luftspalt zu separieren. Die Rotorwelle wird beidseitig mit Wellendichtringen abgedichtet, wobei sich Kugellager beidseits außerhalb des abgedichteten Raumes befinden. Bei Eintritt des Fluids in den Motor durchströmt es diesen diagonal, so dass eine gleichmäßige Umspülung des Rotors und der Statorspulen bis zum Fluidauslass sichergestellt ist. Mittels acht verbauter PT100-Temperatursensoren ist es möglich die Temperatur des zu- und abfließenden Ferrofluids im Statorraum, im Luftspalt, in den Wickelköpfen und einer Nut beidseits des Stators zu messen. Die Temperatursensoren sind in Zweileitertechnik auf je einen LEMO-Stecker zur äußeren Anbindung geführt. Zur Reduzierung des Momentenrippels sind die Rotormagnete geschrägt ausgeführt, wohingegen die Statorzähne ungeschrägt sind. Zur Motorlagenbestimmung wird ein Resolver verwendet.

Zusammenfassung der verwendeten Materialien und Bauteile:

Wicklung:
Einzelzahnwicklung mit jeweils 8 Windungen zu je 16 Drähten Kupferlackdraht mit einem Leiterquerschnitt von insgesamt $14,1\ mm^2$

Stator:
Sechs Statorzähne aus M330-50A/270 Blech, doppelseitig mit Backlack isoliert und verbackt; stirnseitige Deckschicht aus 1 mm Glasfaser Epoxid

elektrische Anschlüsse:
Messingstift mit Durchmesser 7 mm und Gewinde M6

Magnete:
NdFeB N35H mit Ni-Cu-Ni-Beschichtung

Rotor:
Rotorbleche M330-50 / 270 doppelseitig mit Backlack isoliert und verbackt; Stahlwelle aus 42CrMo4

Kugellager:
6002-2Z Lebensdauer geschmiert und abgedichtet sowie einseitig vorgespannt mit der Tellerfeder CB 105289

Dichtungen:
XS-OS 01 aus Material HPU94rot (xpress seals)
O-Ringe zum Gehäuse 130 x 3 NBR70
O-Ringe zum Glasfaserrohr 66 x 2 NBR70

Drehgeber:
RE-10-64 (LTN Servotechnik)

Die Prüfung der PT100-Temperatursensoren erfolgte durch Messung des Widerstandes bei Raumtemperatur. Die Wicklungswiderstände betragen zwischen 9,8 und 9,9 mOhm. Mit einem Maximaldruck von 6 bar, wurde die Leckrate des Stator- und Rotoraumes überprüft. Ein Druckverlust im Statorraum ist minimal, hingegen ist im Rotorraum eine minimale Leckrate nachweisbar [82]. Nach Autorensicht ist dies auf die ölfreie Fügung der Wellendichtringe auf die Zapfen des Rotors zurückzuführen, denn vor dem Hintergrund einer Unverträglichkeit einer Vielzahl von Ferrofluide mit anderen Flüssigkeiten, wie Öle und Fette, sollte der zu befüllende Motor im Innenraum möglichst rein und unbeschmutzt gegenüber Fremdflüssigkeiten bleiben. In Vorversuchen zeigte sich, dass Ferrofluide, die in Kontakt mit anderen Flüssigkeiten gekommen sind, ausflocken und somit für viele Anwendungen unbrauchbar werden.

4.2 FEM Simulation mittels COMSOL Multiphysics®

Entsprechend dem Vorgehen im Konstruktiven Entwicklungsprozess (KEP) [41] und dem V-Modell der VDI-Richtlinie 2206 folgend [5], [25] wurde nach der Auswahl des technischen Prinzips eine modellbasierte Simulation des PMSM mittels COMSOL Multiphysics durchgeführt. Siehe dazu mit vergleichbarem Ansatz, Simulationstool und Untersuchungsziel auch [45]. Das Programm ist eine Software zur Simulation physikalischer Vorgänge und basiert auf der Finite-Elemente-Methode (FEM). Neben einfachen FEM-Berechnungen ist die Kopplung multiphysikalischer Probleme möglich. COMSOL Multiphysics ist eine Softwareumgebung, die eine Simulation des Systemverhaltens aus den Bereichen

- Strukturmechanik
- Strömungsmechanik
- Elektromagnetik
- Chemische Verfahrenstechnik
- Akustik
- Thermodynamik

ermöglicht. Die wesentlichen Unterschiede des in der Arbeit verwendeten FEM-Modells gegenüber des realen Prototypmotors sind nachfolgend benannt. Es kommt zu einer Vernachlässigung der Motorlagerschilde mit den Wellendurchführungen. Lager und Wellendichtringe, die einen Beitrag zur erhöhten Reibung leisten, wurden zunächst nicht betrachtet. Ein- und Auslassöffnungen für das Ferrofluid (siehe Abbildung 4.22) beeinflussen zwar das Strömungsverhalten, wurden aber nicht abgebildet. Ebenso wird die Oberflächenstruktur im Modell als ideal angenommen, d.h. Rauhigkeiten bzw. Welligkeiten sind nicht modelliert worden. Auch die Riefen und Stoßstellen, wie sie beispielsweise in Abbildung 4.4 im Bereich der Oberflächenmagnete des Rotors zu sehen sind, entfallen im Modell. Die Simulation verfolgt somit das Ziel einer prinzipiellen Dimensionierung und ersten Parameterabschätzung für Ströme und magnetische Flussdichten. Die Abbildung 4.6 zeigt die Vernetzung der gesamten Blechschnittgeometrie (links) sowie eine vergrößerte Darstellung des Netzes im Bereich der Polschuhe und des Luftspaltes (rechts).

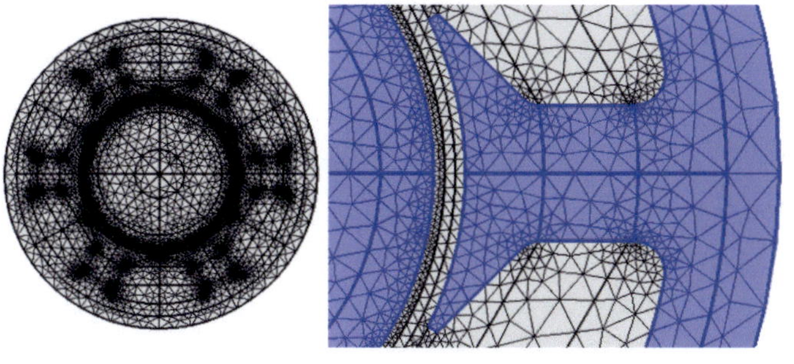

Abbildung 4.6: Vernetzung

Aufgrund der in der Simulation vorgegebenen Rotation des Rotors und den damit verbundenen Randbedingungen, ist es erforderlich, dass die Grenzschicht so gewählt wird, dass die Komponenten auf beiden Seiten dieselben Materialeigenschaften besitzen. Der Luftspalt wurde in drei Lagen unterteilt, bei der die am Polschuh nächstgelegene Lage das Glasfaserrohr darstellt. Die verbleibenden beiden Luftspaltlagen fassen das Ferrofluid. Die Grenzschicht liegt somit nicht auf der Oberfläche der Rotormagnete, sondern zwischen den beiden verbleibenden Luftspaltlagen.

In der Simulation wird ein elektrischer Schaltkreis modelliert, der den einzuprägenden Phasenstrom sowie die drei Phasenwiderstände U/V/W des Prototypmotors darstellt. Abbildung 4.7 zeigt die in COMSOL Multiphysics hinterlegte Beschaltung. Die elektrische Frequenz der Wechselspannung ist über die Polpaarzahl mit der mechanischen Drehzahl verknüpft. Der effektive Phasenstrom beträgt $I_{str\_eff} = Iu = Iv = Iw = 80$ A, die Phasenwiderstände betragen ca. $R_{phu} = R_{phv} = R_{phw} = 4,7$ mΩ. Der Lastwiderstand RL wird mit 1 MΩ angenommen.

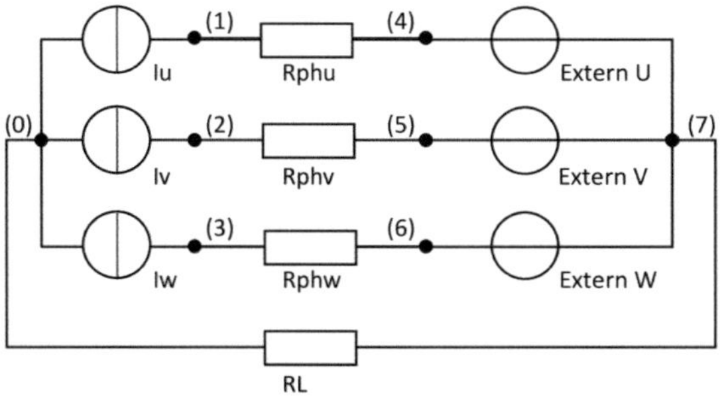

Abbildung 4.7: Beschaltung

Der Prototypmotor erfordert eine Sinuskommutierung. Abbildung 4.8 zeigt die vorgegebenen und in COMSOL Multiphysics ausgegebenen sinusförmigen Phasenströme, die jeweils um 120° zueinander versetzt sind.
Eine durchgeführte Parameterstudie liefert Ergebnisse zu unterschiedlichen relativen Permeabilitäten (μ_r) im Luftspalt. Die Studie wurde für $\mu_r = 1$ von Luft bis $\mu_r = 4,5$ für ein Ferrofluid (EFH 3) mit einer Schrittweite von 0,5 durchgeführt. Abbildung 4.9 zeigt das Simulationsergebnis für die Werte $\mu_r = 1$ (Luft) und $\mu_r = 2,5; 3,5; 4,0; 4,5$ (Ferrofluid). Beim unbefüllten Motor liegt das aus der Simulation berechnete Drehmoment bei 8,1Nm. Dieser Wert stimmt mit den in Abbildung 4.21 messtechnisch aufgenommenen Werten am Prototypmotor gut überein. Mit steigender relativen Permeabilität erhöht sich das Drehmoment. Bei einem mit EFH 3 befüllten und simulativ untersuchten Motor liegt dieses bei 9,9Nm. Der in dieser Arbeit entwickelte Proto-

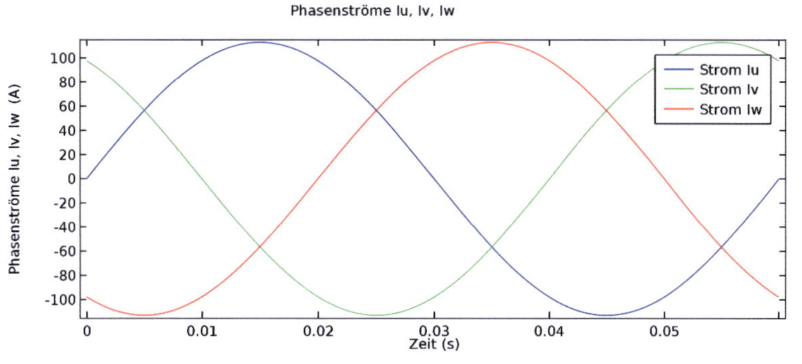

Abbildung 4.8: Stromverlauf durch die Statorspulen

typmotor erhält durch die partielle Flutung des Motors einen simulativ berechneten Drehmomentengewinn von 1, 8 Nm.

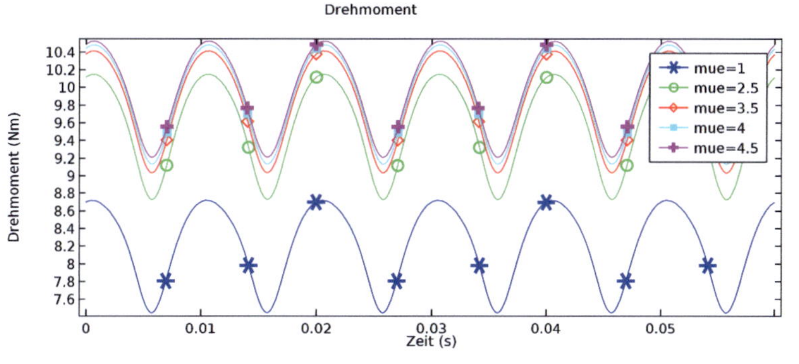

Abbildung 4.9: Drehmoment bei variablen μ_r im Luftspalt

Die magnetische Flussdichtenverteilung innerhalb des Prototypmotors zum Betriebszeitpunkt $t = 0$ ist in den folgenden beiden Abbildungen 4.10 und 4.11 dargestellt. Die magnetische Flussdichte im Eisenkreis bei unbefülltem Motor (Luftspalt $\mu_r = 1$) beträgt durchschnittlich $|\vec{B}| = 0,95$ T. Nur in sehr kleinen Bereichen werden partiell Flussdichten bis zu $|\vec{B}| = 3,5$ T erreicht.

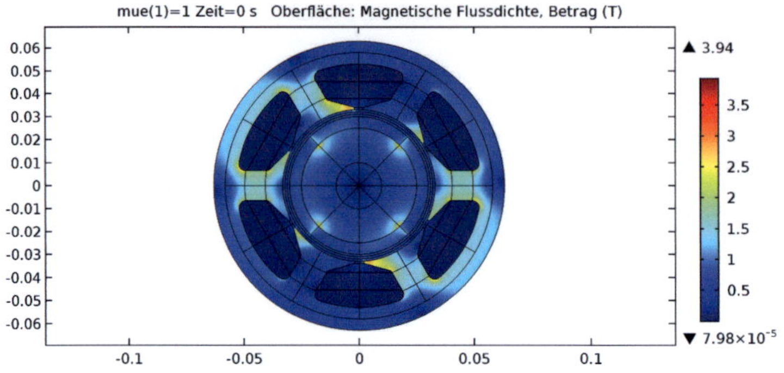

Abbildung 4.10: $|\vec{B}|$-Feld bei $\mu_r = 1$

Die Abbildung 4.11 zeigt die magnetische Flussdichtenverteilung eines befüllten Motors. Die relative Permeabilität im Luftspalt beträgt $\mu_r = 4,5$. Eine deutliche Zunahme der magnetischen Flussdichte von $|\vec{B}| = 1,16$ T ist im Eisenkreis zu erkennen.

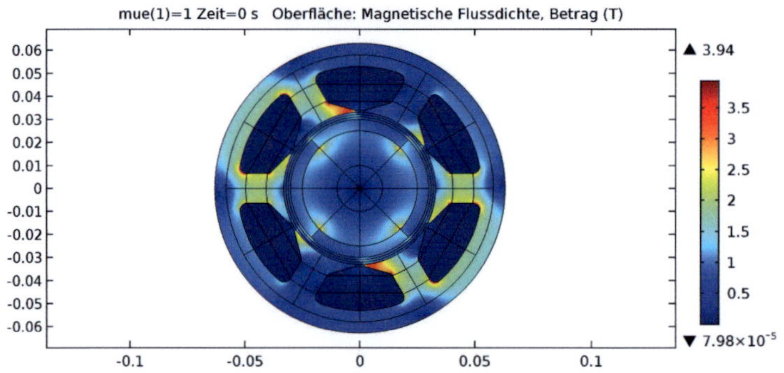

Abbildung 4.11: $|\vec{B}|$-Feld bei $\mu_r = 4,5$

Bei variabler relativen Permeabilität für $\mu_r = 1$ bis $4,5$ im Luftspalt des Prototypmotors, zeigt Abbildung 4.12 den ermittelten Betrag der magnetischen Flussdichte $|\vec{B}|$ im Statoreisenkreis.

In Abbildung 4.13 ist die Materialkennlinie (B/H) des Elektroblechs M330 50A dargestellt. Der Grafik ist zu entnehmen, dass das Elektroblech bei einer magnetischen

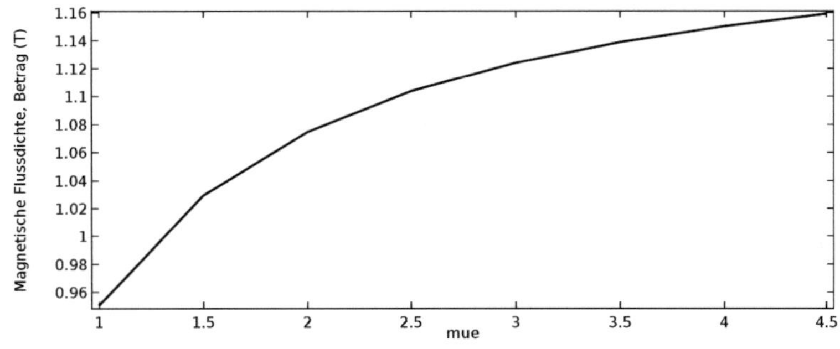

Abbildung 4.12: $|\vec{B}|$-Feld im Stator bei $\mu_r = 1$ bis $4,5$

Flussdichte ab $B = 2,5$ T in die Sättigung übergeht. Wie in den Abbildungen 4.10 und 4.11 zu sehen, treten diese hohen Feldstärken von $B > 2,5$ T nur punktuell auf. Ein Vergleich mit Referenzwerten aus [38] und der Norm DIN EN 10106:2007 „Kaltgewalztes nicht kornorientiertes Elektroblech und -band im schlussgeglühten Zustand" [2] zeigt, dass sich die in der COMSOL Multiphysics Materialdatenbank hinterlegten Materialwerte und -kennlinien quantitativ gut in den Bereich anderer Statormaterialien einordnen.

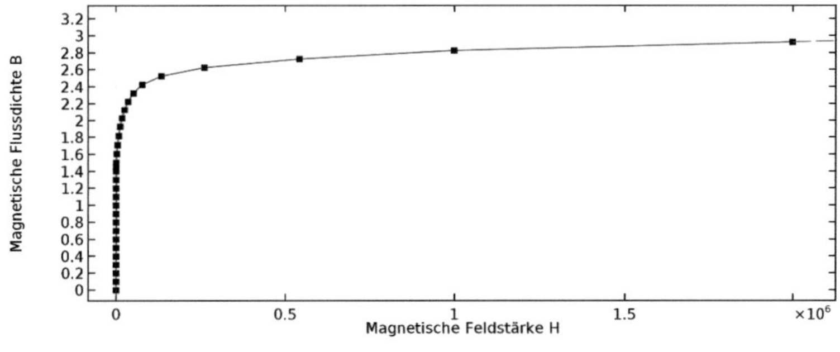

Abbildung 4.13: BH-Kennlinie für M330 50A

4.3 Versuchsstrategie

Der Prototypmotor wird in zwei Betriebszuständen betrieben und experimentell nach Tabelle 4.1 untersucht.

Motorzustand	
Fremdantrieb	Induzierte Spannung (Generator) bei unbefülltem Motor messen
	Effektivwerte der induzierten Spannung darstellen und mechanische Verlustleistung messen
	Reibmoment messen: 1) ohne Fluid 2) Fluid im Luftspalt 3) Luftspalt und Stator
	Rastmoment messen: 1) ohne Fluid 2) Fluid im Luftspalt 3) Luftspalt und Stator
Eigenantrieb	Messen der elektrischen Leistung: 1) ohne Fluid 2) Fluid im Luftspalt 3) Luftspalt und Stator
	Messen des Strangstromes: 1) ohne Fluid 2) Fluid im Luftspalt 3) Luftspalt und Stator
	Wirkungsgrad: 1) ohne Fluid 2) Fluid im Luftspalt 3) Luftspalt und Stator
	Temperatur-Erwärmungslauf: Messen der Temperatur in Wickelkopf, Statornut, Luftspalt, Stator und des Strangstromes 1) ohne Fluid 2) Fluid im Luftspalt und Stator

Tabelle 4.1: Versuchsstrategie

Im **Fremdantrieb**, auch Generatorbetrieb bezeichnet, ist der Prototypmotor unbestromt und wird an seiner Welle mit einem zweiten Hilfsmotor mechanisch gekoppelt. Der Hilfsmotor dreht den Prototyp, weshalb dieser Betriebszustand nachfolgend als Fremdantrieb bezeichnet wird.

Im **Eigenantrieb**, auch Motorbetrieb genannt, wird der Prototyp bestromt. Der Hilfsmotor übernimmt nun die Aufgabe der mechanischen Last und fungiert als Bremse. Zur Bestimmung des aufgebrachten Drehmomentes befindet sich zwischen den Aggregaten in beiden Fällen ein Drehmomentsensor.

4.4 Messaufbau und Messergebnisse

Der Prüfstand besteht aus dem Prüfling (ferrofluidunterstützte permanenterregte Synchronmaschine), einem Drehmoment-Messwertaufnehmer und einer Getriebestufe, sowie einer Abtriebsmaschine, siehe Abbildungen 4.14 und 4.15.

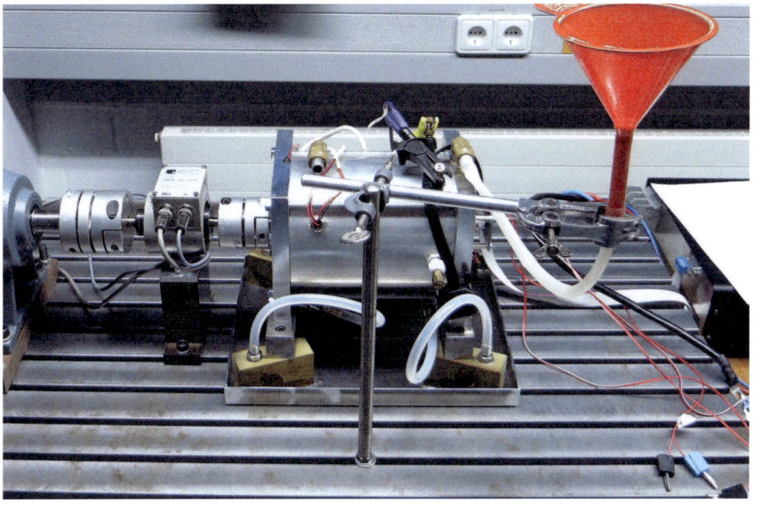

Abbildung 4.14: Messaufbau

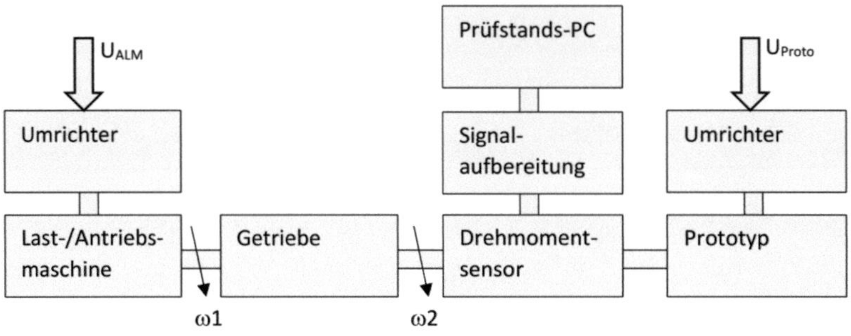

Abbildung 4.15: Darstellung der Prüfstandselemente als Blockschaltbild mit Eingangs- und Ausgangsgrößen

Nachfolgend wird eine kurze Spezifikation der verwendeten Prüfstandselemente gegeben.

a) Drehmomentsensor

Die Drehmomentsensorik der Firma Hottinger-Baldwin Messtechnik (HBM) ist ein lager- reibungsfreier Drehmomentsensor und besteht aus den beiden Komponenten Rotor und Stator. Der Stator ist vom Typ T34ST (F.-Nr.: 52729) und misst das Moment sowie die Drehzahl. Der Drehmomentsensor verfügt über einen Messbereich von 0 bis 10 Nm bei einer Genauigkeit von $< \pm 0,1$ %.

b) Getriebestufe

Zwischen Abtriebsmaschine (ASM) und Drehmomentsensor befindet sich eine Getriebestufe mit einer Übersetzung von 1:2. Bei Fremdantrieb des Prototyps durch die Abtriebsmaschine muss diese nur die Hälfte der Drehzahl aufbringen, die an den Prototyp abgegeben werden soll. Die zwischengeschaltete Getriebestufe hat den Vorteil, dass die dadurch langsam drehende Asynchronmaschnine besser geregelt werden kann.

c) Abtriebsmaschine

Die Abtriebsmaschine der Firma Bosch-Rexroth ist eine Asynchronmaschine (ASM) mit 10,47 kW, die im 4-Quadrantenbetrieb betrieben werden kann.

d) Umrichter

Der MosFET-Umrichter mit 16 kHz Pulsfrequenz und Standard B6-Topologie sowie Sinus-Kommutierung ist eine Eigenentwicklung der TU Ilmenau, Fachgebiet Kleinmaschinen. Geregelt wird mittels feldorientierter Regelung (FOC).

e) Leistungsmessteil

Das Leistungsmessteil der Firma Yokogawa ist vom Typ WT3000.

4.4.1 Fremdantrieb des Prototyps

Bei dem zunächst fremdangetriebenen Prototyp wurde die induzierte Spannung, bei Elektromotoren auch Gegen-EMK genannt, von Phase zu Phase aufgezeichnet. Die

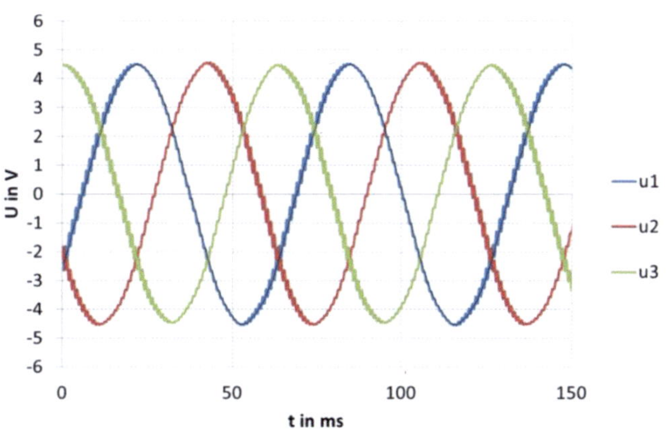

Abbildung 4.16: Induzierte Spannung vs. Zeit

Drehzahl betrug während der Messung 482 Umdrehungen pro Minute. Wie in Abbildung 4.16 zusehen, ist der Spannungsverlauf einer jeden Phase sinusförmig und jeweils um 120 ° zueinander phasenverschoben. Das zeigt, dass der Prototyp für eine Sinuskommutierung ausgelegt wurde.
Abbildung 4.17 zeigt die Effektivwerte der Gegen-EMK und die mechanische Verlustleistung beim Hochlauf der Maschine bis 800 Umdrehungen pro Minute im befüllten sowie unbefüllten Zustand des Motors. Bei einer Motordrehzahl von 500 Umdrehungen pro Minute ist eine Reduzierung der Verlustleistung um 20 W zu erkennen.

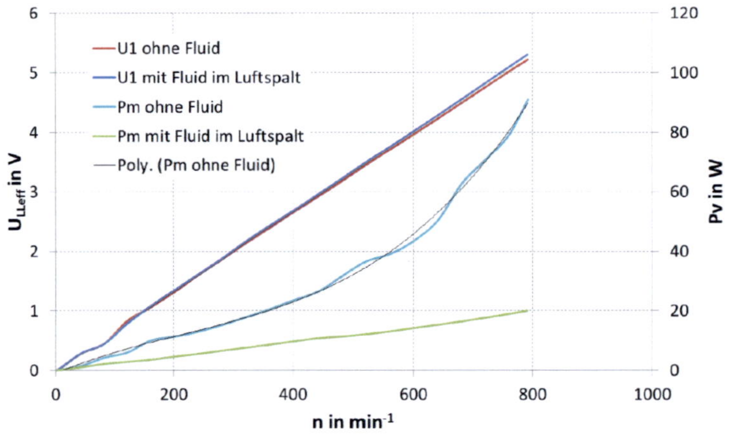

Abbildung 4.17: Effektive Gegen-EMK bzw. Leistung vs. Drehzahl

Des Weiteren zeigt sich in Abbildung 4.18 eine deutliche Reduzierung des Reibmomentes bei befülltem Motor, wobei die ferrofluidale Flutung der Statorspulen konstruktivbedingt keinen Einfluss auf das Reibmoment der Wellendichtringe hat. Schwankungen des Moments insbesondere im unteren Drehzahlbereich bei 50 bis 150 Umdrehungen pro Minute sind auf den Stick-Slip-Effekt (Haftgleiteffekt) zurückzuführen. Besonders bei ferrofluidal befülltem Motor ist dieser Effekt durch die Schmierung der Wellendichtringe äußerst gering, was sich in einem nahezu konstanten negativen Bremsmoment von ca. 0, 2 Nm zeigt.

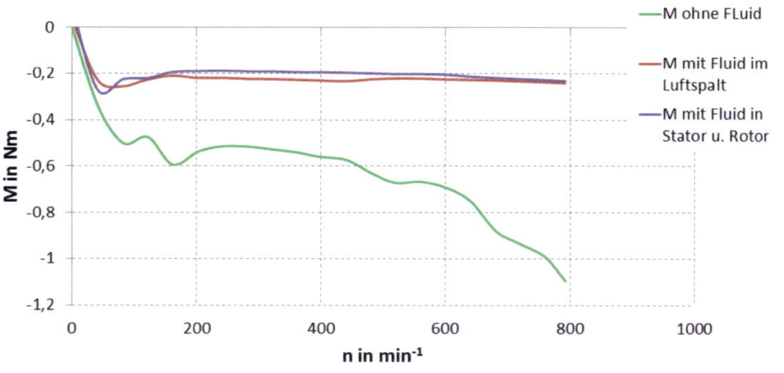

Abbildung 4.18: Bremsmoment (bzw. Reibmoment) mit und ohne Fluid

Abbildung 4.19 zeigt das ermittelte Rastmoment des Prototyps bei einer mittleren Drehzahl von 480 Umdrehungen pro Minute, vorgegeben durch die Abtriebsmaschine. Das Rastmoment ist eine Erscheinung, die bei permanenterregten Elektromotoren auftritt und zu Drehmomentschwankungen bzw. Laufunruhe insbesondere bei niedrigen Drehzahlen führt. Das Rastmoment wurde bei unbestromten und nicht

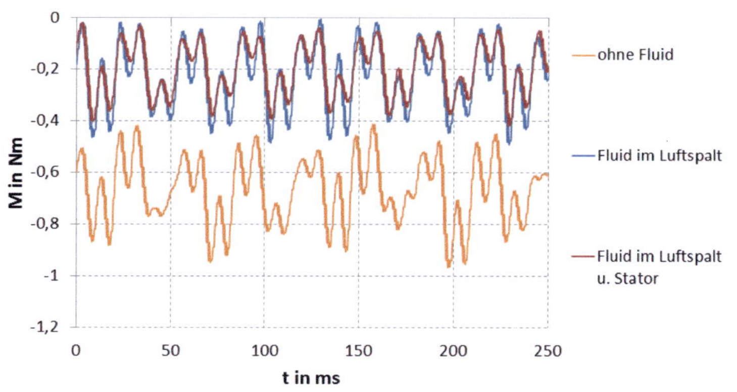

Abbildung 4.19: Momentenrippel in der Darstellung Drehmoment vs. Zeit für eine Drehzahl von 480 U/min

kurzgeschlossenen Phasenanschlüssen des Prüflings aufgezeichnet. Die Drehmomentschwankung bei Eigenantrieb, d.h. bei bestromten Prüfling, wird als Momentenrippel bzw. Momentenwelligkeit bezeichnet. Wie in der Abbildung 4.18 zuvor, ist auch hier die Reduzierung des Grundmomentes um 0,46 Nm von -0,67 Nm im unbefüllten auf -0,21 Nm im befülltem Zustand durch das Ferrofluid zu erkennen.

4.4.2 Eigenantrieb - Drehzahl-Drehmoment-Kennlinie

Zur Untersuchung der ferrofluidunterstützten PMSM wird diese bestromt. Der Antrieb ist sinuskommutiert und auf eine Drehzahl von 500 Umdrehungen pro Minute geregelt. Abbildung 4.20 zeigt den positiven Einfluss des Ferrofluids auf die elektrische Leistung, die im Schnitt 20 W geringer ist gegenüber des unbefüllten Prototyps im Luftspalt. Die zusätzliche Flutung der Statorspulen verringert die elektrische Leistung um weitere 1,3 W. Die mechanische Leistung hingegen bleibt in allen Fällen gleich. Der maximale Wirkungsgrad des noch unbefüllten Motors beträgt 80,5 %. Dem gegenüber beträgt der maximale Wirkungsgrad bei Befüllung des Motors im

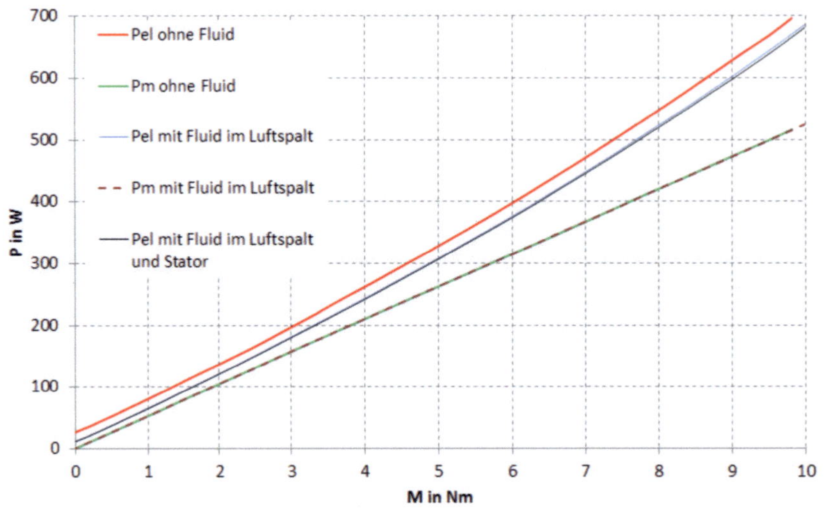

Abbildung 4.20: Elektrische und mechanische Leistung vs. Drehmoment

Luftspalt und den Statorspulen 87,4 %. Bei einem Drehmoment von 3 Nm beträgt die Steigerung des Wirkungsgrades knapp 7 %. Der Strangstrom verringert sich durch das Ferrofluid im Schnitt um 3,3 A, Abbildung 4.21.

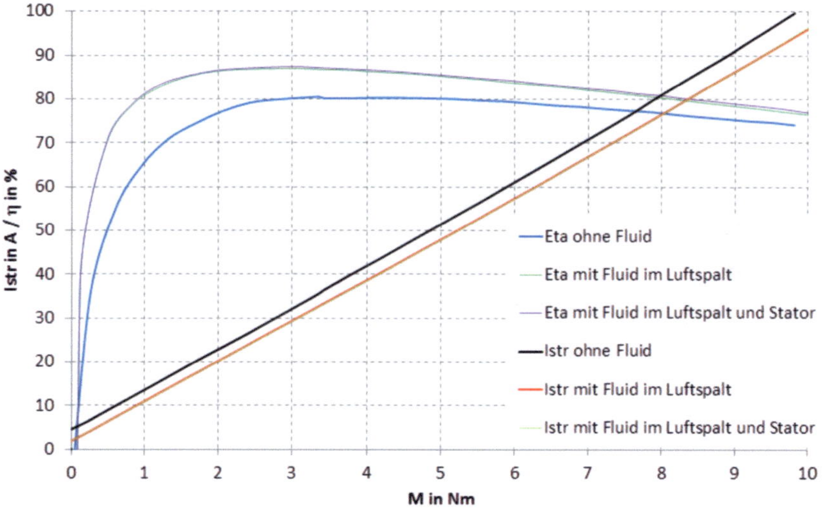

Abbildung 4.21: Wirkungsgrad und Strom vs. Drehmoment

4.4.3 Temperatur-Kennlinie Dauerlauf

Die Erfassung der Temperaturwerte erfolgte, wie bereits dargestellt, mittels PT100 Sensoren. Ihre Anordnung ist im Bild 4.22 gezeigt. Bei einer konstanten Drehzahl von 500 Umdrehungen pro Minute und einer schrittweisen Erhöhung des effektiven Strangstromes bis auf 80 Ampere stellen sich verschiedene Temperaturen in Stator und Luftspalt ein. Abbildung 4.23 zeigt den Temperaturverlauf in der Statornut und im Wickelkopf, sowie die Temperatur im Bereich des fluidausfüllenden Raumes von Stator und Luftspalt. Nach einer Motorlaufzeit von 2 Stunden beträgt die Temperatur im Wickelkopf der Statorwicklungen ca. 100 °C, in der Statornut sind es ca. 117 °C.

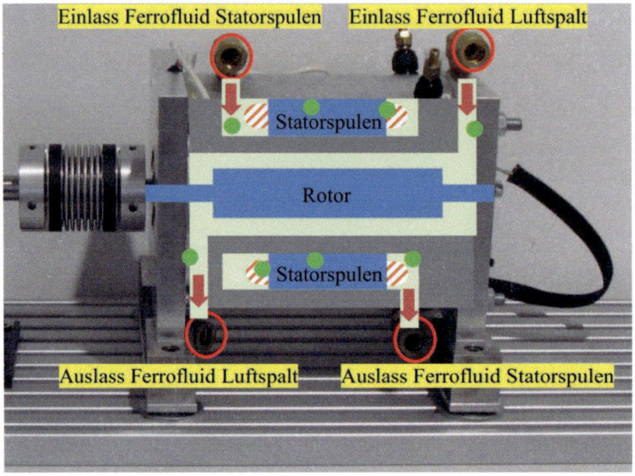

Abbildung 4.22: Anordnung der PT100-Sensoren

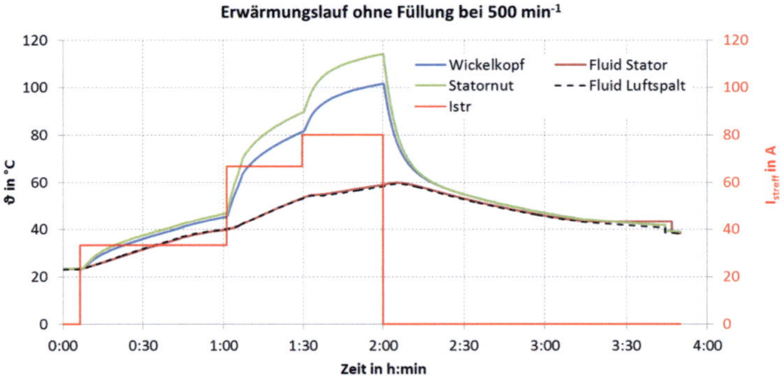

Abbildung 4.23: Erwärmungslauf des Motors ohne Ferrofluid

Wie die Abbildung 4.24 zeigt, reduziert sich bei der Befüllung des Luftspaltes mit dem Ferrofluid EFH3 die Temperatur im Motor. Das bestätigt die im Kapitel 3 aus dem Taylor-Couette-Modell gewonnenen Aussagen zum Wärmetransport im System. Auch die Simulationsparameter im genannten Abschnitt 3 korrelieren mit den experimentell ermittelten Daten am Motor. Es wurde als Randbedingung im Taylor-Couette-Modell die hier in Abbildung 4.24 nach 1:40 Stunden für 80 A erreichte Temperatur von 80 °C angenommen. Durch Befüllung des Motors mit dem Ferrofluid EFH3 und dem dadurch optimierten Wärmetransport reduziert sich die Temperatur innerhalb des Motors. Das Ferrofluid bewirkt, dass der effektive Phasenstrom sogar kurzzeitig auf 85 A angehoben werden kann, wodurch dennoch die Temperatur in der Statornut nur auf ca. 95 °C steigt.

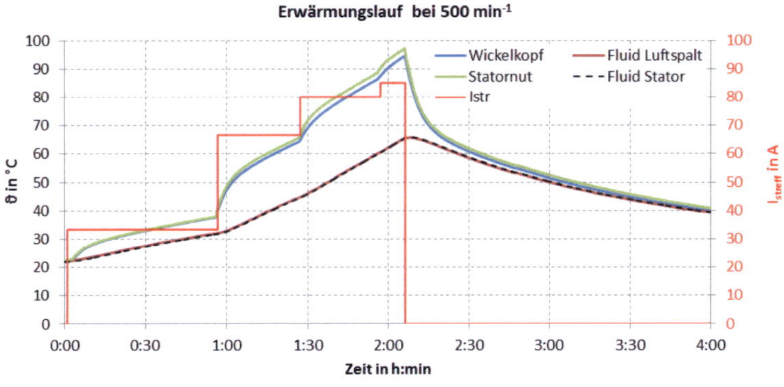

Abbildung 4.24: Erwärmungslauf des Motors mit Ferrofluid

4.5 Konstruktionskritik und zusammenfassende Bemerkung

Die durchgeführten Untersuchungen bestätigten die theoretischen Untersuchungen in Bezug auf Temperatur- und Drehmomentverhalten des Motors. Die Wärmeableitung verbessert sich und das Drehmoment wird größer. Die Dauertests zeigten aber auch die aus zahlreichen Ferrofluidapplikationen bekannten Abdichtprobleme bei der Verwendung dieses 'smart materials' [52] u.a. Der Fluidaustritt bei mehrstündigen Dauertests konzentrierte sich insbesondere auf den Bereich der Wellendichtringe. Eine konstruktive Veränderung wäre der Ersatz der verwendeten Gummi-Wellendichtungen durch Wellendichtringe aus Kunststoff (Teflon). Ein anderer Ansatz, der auch der

Motivation der Arbeit entspricht, wäre die Ausnutzung der magnetischen Eigenschaften des Ferrofluids, siehe 2.2. Neben dem Wellendichtring kann zusätzlich bzw. als alleiniges Dichtungselement ein Magnetring konzentrisch um die Motorwelle angeordnet werden.

Des Weiteren wurde die Aufnahme der Wellendichtringe aus Kunststoff (POM) gefertigt und in die Lagerschilde mit zweikomponenten Kleber geklebt. An dieser Stelle kann in einer Weiterentwicklung eine Verdrehsicherung implementiert werden, da am vorliegenden Prototyp die Klebeverbindung sich löste und der Motor undicht wurde. Ein erhöhter Fluidaustritt an der Wellendurchführung am Motorlagerschild ist die Folge.

Das Ausgießen des gesamten Stators inklusive der Statorspulen ist erfahrungsgemäß keine zu wählende Konstruktionslösung, da es zu einer Verschlechterung der Wärmeabfuhr führt. Die im Prototyp umgesetzte Lösung des Einziehens eines Glasfaserohres zur Separation des Ferrofluids zwischen Luftspaltraum und Statorraum erwies sich als praktikabel. Allerdings verringert sich der nutzbare Luftspalt zur Ferrofluidbefüllung.

Durch die Gewindestangen an den Lagerschilden kann es zu Verspannungen kommen, was sich auf die Leichtgängigkeit des Motors auswirkt und zu erhöhter Reibung führt.

Abschließend sei festgestellt, dass dieser nicht für eine unmittelbar kommerzielle Nutzung, sondern für labortechnische Untersuchungen des Funktionsprinzips und des Ferrofluids vorgesehene Prototyp auch im Handling Defizite aufweist. In einem nächsten Konstruktionsschritt sind andere Möglichkeiten einer effizienteren Befüllung zu entwickeln. Mit der Zielrichtung „Motoreinsatz im Fahrzeug“ sind dann auch verstärkt Fragen des Leichtbaus in den Fokus der Untersuchungen zu stellen.

5 Rotatorische und translatorische Antriebssysteme basierend auf MRF

In den Kapiteln 3 und 4 liegt der Fokus auf der Effizienzsteigerung von bekannten Antriebs-prinzipien bzw. -systemen durch Ferrofluide. Das in den Motor eingebrachte Ferrofluid ist *kein funktionsbestimmendes* Element.
Im vorliegenden Kapitel wird ein neuartiges Motorkonzept vorgestellt, welches die kontrollierbaren mechanischen Eigenschaften von magnetorheologischen Flüssigkeiten ausnutzt, die in Kapitel 2 beschrieben werden. Die magnetorheologische Flüssigkeit ist für das in diesem Kapitel vorgestellte Antriebssystem *funktionsrelevant* zur Erzeugung einer rotatorischen oder translatorischen Bewegung. Es werden zum Verständnis des Wirkprinzips an dieser Stelle wichtige Werkstoffparameter von magnetorheologischen Flüssigkeiten mit den Werten eines Ferrofluides verglichen, siehe nachfolgende Tabelle 5.1.

	FF	**MRF**
Dichte	$1,42\ \mathrm{g/cm^3}$	$2,70\ \mathrm{g/cm^3}$
Partikelgröße	$5 - 12$ nm	$2 - 5\ \mu$m
Partikelanteil	$3 - 15$ Vol%	77 Vol%
Viskosität	$12\ \mathrm{mPa \cdot s}$	$320\ \mathrm{mPa \cdot s}$

Tabelle 5.1: Vergleich von Ferrofluid (FF) und magnetorheologischer Flüssigkeit (MRF)

In der Arbeit [96] u.v.a. (siehe dazu auch Kapitel 2) steht im Vordergrund die Nutzung von MRF zur *Minimierung oder Vermeidung von Schwingungen.* Nachfolgend wird die *Nutzung von Schwingungen* beschrieben, um ein Antriebskonzept umzusetzen. Schwingungen werden bewusst erzeugt und sie sollen in der Interaktion mit einem MRF zu einer kontinuierlichen und gerichteten Bewegung führen. Untersuchungen zu rotatorischen und translatorischen Vibromotoren, die periodische Bewegungen mittels magnetfeldbeeinflusstem MRF in eine nichtperiodische, sondern monotone Bewegung wandeln, zeigen die Arbeiten [78], [91] und [67].

5.1 Entwicklung des Funktionsprinzips

Die nachfolgenden Motoren basieren auf einem biologisch inspirierten Funktionsprinzip. Basis waren Untersuchungen der Bewegung von Schnecken, welche die Eigenschaftsänderung einer thixotropen Flüssigkeit in unterschiedlichen Phasen eines periodischen Prozesses nutzen [46]. In den nachfolgenden Antriebssystemen erfolgt die Generierung der kontinuierlichen Bewegung ausgehend von periodischen, phasenverschobenen Bewegungen zweier Scheiben (rotatorisches System, Abbildung 5.1, links) bzw. zweier Gleitelemente (translatorisches System, Abbildung 5.1, rechts) und ihrer magnetfeldgesteuerten Wechselwirkung mit einem MRF.

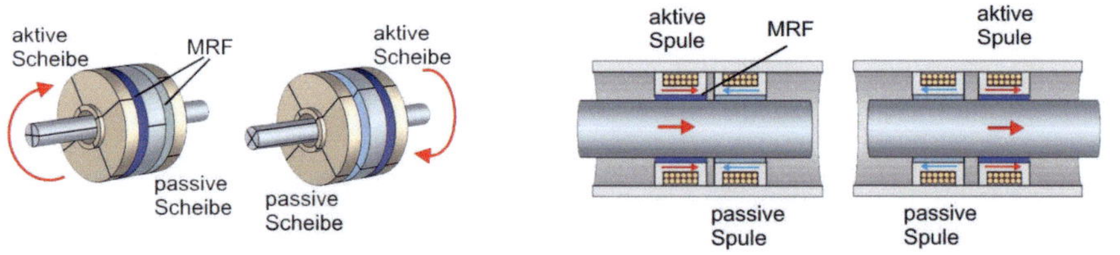

Abbildung 5.1: Rotatorischer (links) und translatorischer MRF-basierter Vibromotor nach [91]

In [6] [13] [92] u.a. wird gezeigt, dass neben der biologisch inspirierten Entwicklung von Bewegungssystemen im Sinne von Antriebssystemen (d.h. Bereitstellung von Kräften und Momenten zur weiteren technischen Nutzung) auch der Entwurf von Fortbewegungssystemen möglich wird. Dieser Bezug ist vor allem deshalb von Bedeutung, da nachfolgend in den Kapiteln 5.3.1 bzw. 5.3.2 ein translatorischer Antrieb diskutiert wird, der eine Umkehrung der Idee aus [6] [94] darstellt. Während bei den Lokomotionssystemen die Gleitelemente ('Wurm') eine monotone Fortbewegung realisieren und der Boden als Kontaktfläche ortsfest ist, verwirklicht das Antriebssystem in Abbildung 5.2 (rechts) das inverse Prinzip. Die Gleiter bewegen sich periodisch und der Stab realisiert eine monotone (Fort-)Bewegung. Zentrales Phänomen aus mechanischer Sicht bei beiden Systemen ist eine nichtsymmetrische, geschwindigkeitsabhängige Reibung. Beim Lokomotionssystem handelt es sich um Coulombsche Reibung mit dem Reibungskoeffizienten $\mu(v)$ und beim Linearmotor wird in erster Linie viskose Reibung ($k(v)$) über das MRF wirksam.

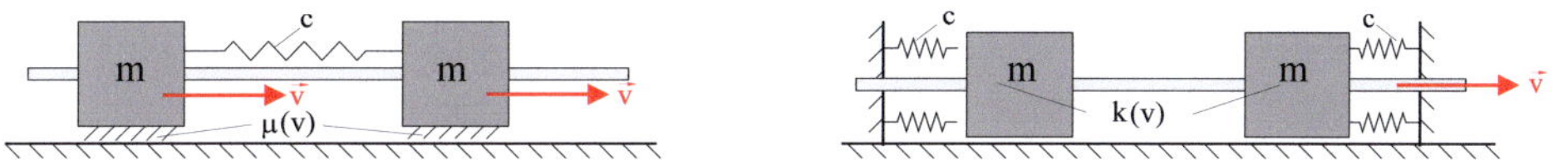

Abbildung 5.2: Vergleich von Funktionsprinzipien: Wurmbewegung (links, nach [34]) und Linearmotor (rechts)

5.2 Mathematische Modellierung und Simulation des Linearantriebes

In diesem Abschnitt wird das dynamische Verhalten des, mit seinem Funktionsprinzip in Abbildung 5.2 (rechts) dargestellten, MRF-basierten Linearmotors untersucht.

5.2.1 Mechanisches Modell und Bewegungsgleichungen

Das Modell besteht aus zwei Hohlzylindern (Gleitelemente (1)), welche eine periodische Bewegung realisieren. Ein Stab (2) bewegt sich innerhalb der Hohlzylinder monoton nach rechts. Zwischen dem Stab und den zwei Gleitelementen befindet sich eine MRF (3), siehe Abbildung 5.3. Für die zwei, entlang der OX-Achse bewegten Zylinder (Fig. 5.3) existiert ein kinematischer Zwang, ausgedrückt durch eine periodische Abstandsänderung $2l(t)$ mit der Periodendauer T und einem verschwindenden Mittelwert.

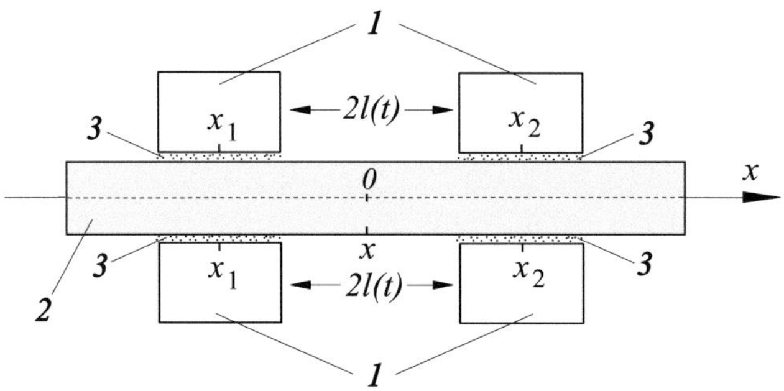

Abbildung 5.3: Mechanisches Modell des Linearantriebs

Es seien $x_1(t)$ und $x_2(t)$ die Koordinaten zur Positionsbestimmung der Zylinder. Beide Zylinder bewegen sich mit der gleichen Geschwindigkeit in entgegengesetzter Richtung relativ zum Punkt O. Somit gilt

$$x_2(t) - x_1(t) = 2l(t)\,, \quad x_2(t) + x_1(t) = 0\,, \quad l(t+T) = l(t)\,, \quad \int\limits_0^T l(t)dt = 0\,. \tag{5.1}$$

Da sich der Stab monoton als starrer Körper vorwärts bewegt, wird zur Beschreibung seiner Bewegung die Koordinate x bestimmt. Die Interaktion zwischen Gleitelement und Stab wird durch eine viskose Reibung beschrieben, welche von der jeweiligen Relativgeschwindigkeit zwischen Zylinder und Stab $F_i(\dot{x} - \dot{x}_i)$ $(i = 1, 2)$ abhängt. Die Bewegungsdifferentialgleichung aus dem Impulssatz heraus lautet

$$m\ddot{x}(t) = F_1(\dot{x} - \dot{x}_1) + F_2(\dot{x} - \dot{x}_2)\,, \tag{5.2}$$

wobei m die Masse des Stabes ist.

Unter Nutzung von (5.1) erhält man

$$x_1 = -l(t)\,, \quad x_2 = l(t)\,, \quad v = \dot{x}\,, \quad v_1 = \dot{x}_1 = -\dot{l}(t))\,, \quad v_2 = \dot{x}_2 = \dot{l}(t)\,. \tag{5.3}$$

Es sei angenommen, dass die viskosen Reibungskräfte F_i proportional zu den Relativgeschwindigkeiten $v - v_i$ zwischen Stab und dem jeweiligen Zylinder sind. Der Reibungskoeffizienten seien k_i und hängen von v_i ab, d.h.

$$F_i = -k_i(v_i)(v - v_i)\,, \quad i = 1, 2. \tag{5.4}$$

Damit nimmt die Bewegungsgleichung (5.2) die Form

$$m\dot{v}(t) = -k_1(v_1)\,(v(t) - v_1) - k_2(v_2)\,(v(t) - v_2) \tag{5.5}$$

an. Der Abstand $l(t)$ wird als harmonische Funktion der Form

$$l(t) = a \sin \omega t\,, \quad \dot{l}(t) = a\omega \cos \omega t\,, \quad v_1 = -a\omega \cos \omega t\,, \quad v_2 = a\omega \cos \omega t \tag{5.6}$$

angenommen. Dabei ist a die Schwingungsamplitude der Zylinder und ω die Eigenkreisfrequenz.

Nachfolgend wird die sogenannte nichtsymmetrische viskose Reibung in der Form

$$k_1(v_1) = \begin{cases} k_-\,, & v_1 \leq 0\,, \\ k_+\,, & v_1 > 0\,, \end{cases} \quad k_2(v_2) = \begin{cases} k_-\,, & v_2 \leq 0\,, \\ k_+\,, & v_2 > 0\,. \end{cases} \tag{5.7}$$

verwendet. Man erkennt aus (5.7), dass die Koeffizienten k_i von der Bewegungsrichtung der Gleitelemente abhängen. Unter Beachtung der Beziehung (5.6) nimmt der Ausdruck (5.7) die endgültige Form

$$k_1(v_1) = \begin{cases} k_+\,, & \cos \omega t < 0\,, \\ k_-\,, & \cos \omega t \geq 0\,, \end{cases} \quad k_2(v_2) = \begin{cases} k_-\,, & \cos \omega t \leq 0\,, \\ k_+\,, & \cos \omega t > 0 \end{cases} \tag{5.8}$$

an. Folgende dimensionslosen Größen (mit "$*$"gekennzeichnet) werden eingeführt:

$$v^* = \frac{v}{2a\omega}\,, \quad v_1^* = \frac{v_1}{2a\omega}\,, \quad v_2^* = \frac{v_2}{2a\omega}\,, \quad t^* = t\omega\,, \quad k_1^* = \frac{k_1}{k_+}\,, \quad k_2^* = \frac{k_2}{k_+}\,, \tag{5.9}$$

mit

$$k_1^*(v_1^*) = \begin{cases} 1\,, & \cos t^* < 0\,, \\ \kappa\,, & \cos t^* \geq 0\,, \end{cases} \qquad k_2^*(v_2^*) = \begin{cases} \kappa\,, & \cos t^* \leq 0\,, \\ 1\,, & \cos t^* > 0\,, \end{cases} \tag{5.10}$$

$$\kappa = \frac{k_-}{k_+}\,, \qquad 0 \leq \kappa \leq 1\,.$$

Mit den Gleichungen (5.9) und (5.10) lautet die Bewegungsgleichung (5.5) in dimensionsloser Darstellung nunmehr

$$\dot{v}^*(t^*) = -\varepsilon \left(k_1^* \left(v^*(t^*) + \frac{1}{2}\cos t^* \right) + k_2^* \left(v^*(t^*) - \frac{1}{2}\cos t^* \right) \right)\,, \qquad \varepsilon = \frac{k_+}{m\,\omega}\,. \tag{5.11}$$

5.2.2 Die Anwendung der Mittelungsmethode

Die Bewegungsgleichung (5.11) lautet bei entfallenden Sternen an den beteiligten Größen

$$\dot{v} = -\varepsilon \left(k_1 \left(v + \frac{1}{2}\cos t \right) + k_2 \left(v - \frac{1}{2}\cos t \right) \right)\,. \tag{5.12}$$

Die rechte Seite der Gleichung (5.12) ist 2π-periodisch in t. Wenn der Parameter ε klein ist ($\varepsilon \ll 1$) kann die Mittelungsmethode nach Bogoljubov/Mitropolski [19] auf diese Gleichung angewendet werden.

Man betrachtet die neue Gleichung für die Funktion $V(t)$

$$\dot{V} = -\frac{\varepsilon}{2\pi} \int_0^{2\pi} \left(k_1 \left(V + \frac{1}{2}\cos t \right) + k_2 \left(V - \frac{1}{2}\cos t \right) \right) dt\,. \tag{5.13}$$

Es seien $v(t)$ und $V(t)$ die jeweiligen Lösungen der Gleichungen (5.12) und (5.13) mit identischen Anfangsbedingungen $v(0) = V(0)$. Dann gilt nach [19]

$$|v(t) - V(t)| = O(\varepsilon)\,, \quad t \in [0, \xi]\,, \quad \xi \sim 1/\varepsilon\,. \tag{5.14}$$

Nach dem Ausführen der Mittelung in Gleichung (5.13) erhält man

$$\dot{V} = -\frac{\varepsilon}{\pi}\left(\pi(1+\kappa)V - (1-\kappa)\right) = -\varepsilon\,\Phi(V)\,. \tag{5.15}$$

Die mittlere Geschwindigkeit der periodischen Bewegung des Stabes, folgend aus Gleichung (5.12), wird somit durch die stationäre Lösung der Gleichung (5.15) approximiert. Die stationäre Lösung V_{st} ist durch die Nullstelle der Funktion $\Phi(V)$ auf der rechten Seite der Gleichung (5.15)

$$V_{st} = \frac{1}{\pi}\cdot\frac{1-\kappa}{1+\kappa}\,, \qquad 0 \le \kappa \le 1 \tag{5.16}$$

bestimmt. Somit gilt

$$0 \le V_{st} \le \frac{1}{\pi}\,, \qquad (V_{st})_{max} = \frac{1}{\pi}\,. \tag{5.17}$$

Die durch die Gleichung (5.16) definierte stationäre Lösung ist stabil.
Tatsächlich, setzt man die Gleichung in Variationen $V = V_{st} + \delta V$ in die Beziehung (5.15) ein, so folgt

$$\dot{V}_{st} + \delta\dot{V} = -\varepsilon\Phi(V_{st} + \delta V) = -\varepsilon\left[\Phi(V_{st}) + \Phi_V'(V_{st})\delta V\right] \tag{5.18}$$

Wegen $\dot{V}_{st} = 0$ und $\Phi(V_{st}) = 0$ folgt die Differentialgleichung für die Variation δV

$$\delta\dot{V} = -\varepsilon\Phi_V'(V_{st})\,\delta V\,. \tag{5.19}$$

Deren Lösung lautet

$$\delta V = C\,e^{-\varepsilon\Phi_V'(V_{st})\,t}\,. \tag{5.20}$$

Da $\Phi_V'(V_{st}) = 1 + \kappa$ stets positiv ist, verschwindet δV für $t \to \infty$, was die Stabilität der stationären Lösung garantiert.
Die dimensionslose stationäre Geschwindigkeit lautet

$$V_{st} = \frac{2a\omega}{\pi}\cdot\frac{1-\kappa}{1+\kappa} = 4a\,\nu\frac{1-\kappa}{1+\kappa}\,, \qquad \nu = \frac{\omega}{2\pi}\,. \tag{5.21}$$

Dementsprechend folgt für das dimensionsbehaftete Maximum der stationären Geschwindigkeit

$$(V_{st})_{max} = \frac{2a\omega}{\pi} = 4a\,\nu\,. \tag{5.22}$$

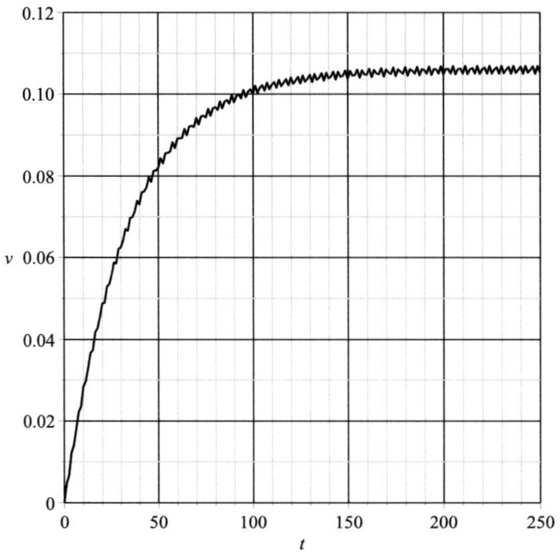

Abbildung 5.4: Dimensionslose Geschwindigkeit v aus der Gleichung (5.12) vs. Zeit t. Die stationäre Geschwindigkeit liegt etwa bei 0.107

Die Abbildung 5.4 zeigt die numerische Lösung der Gleichung (5.12) für die Anfangsbedingung $v(0) = 0$ mit angenommenen $\varepsilon = 0.02$ und $\kappa = 0.5$. Zum Vergleich soll angeführt werden, dass die dimensionslose stationäre Geschwindigkeit aus Gleichung (5.16) folgend, den Wert $V_{st} = 0.106$ besitzt. Es zeigt sich eine qualitativ gute Übereinstimmung in den Ergebnissen der numerischen Integration der 'exakten' Gleichung (5.12) und dem Resultat aus der Mittelungsmethode.

5.3 Technische Realisierung der Antriebssysteme

5.3.1 Rotatorisches System

Wie im Abschnitt 5.1 dargestellt, basiert das Funktionsprinzip neben dem MRF aus konstruktiver Sicht auf zwei identischen Baugruppen, siehe Abbildung 5.5 (links). Ein einzelnes dieser Module besteht aus

- Oszillationssystem mit Feder (nicht dargestellt), Hebelarm und Linearmagnet,
- Zahnscheibe,
- Welle.

Zwischen beiden äußeren Zahnscheiben befindet sich die magnetorheologische Flüssigkeit und eine innere Zahnscheibe. Seitlich der äußeren Zahnscheiben sind Elektromagnete angeordnet, die zu definierten Zeiten ein- und ausgeschaltet werden, um die Viskosität der magnetorheologischen Flüssigkeit zu steuern. Die Verfestigung des Fluids erhöht die Reibung zwischen den Zähnen der inneren und äußeren Zahnscheibe, die bei Oszillation der äußeren Zahnscheibe, die mittlere Zahnscheibe in eine rotatorische Bewegung versetzt. Ein Amplitudenwechsel der Signale für die an den äußeren Zahnscheiben angebrachten Elektromagnete und der Linearmagnete führt zu einem Richtungswechsel der Motorwelle. Bei unbestromten Elektromagneten, lässt sich die Motorwelle frei drehen. Die Abbildung 5.5 (rechts) zeigt den Prototyp-Aufbau, mit dem Schwingungserreger über zwei Kipphebel mit Spulen und Federn, sowie eine Wellrohrkupplung zum Anschluss einer Messwelle.

Abbildung 5.5: Explosionszeichnung des rotatorischen MRF-basierten Vibromotors (links) und Prototyp-Aufbau mit Wellrohrkupplung(rechts)

5.3.2 Translatorisches System

Vibromotorische Antriebe sind Stand der heutigen Technik [60][10]. Infolge von hochfrequenten Schwingungen, für deren Erzeugung häufig Piezoelemente zum Einsatz kommen, und nichtsymmetrischer Reibung wird ein Bauteil in eine kontinuierliche Fortbewegung versetzt. Der translatorische Vibromotor der im Abschnitt 5.2 modellbasiert untersucht und in Abbildung 5.6 dargestellt ist, verfolgt ein anderes Konzept. Es wird nicht, wie in den oben zitierten Arbeiten, ein spezielles Reibelement verwendet. Genutzt wird der magnetorheologische Effekts, d.h. Viskositätsänderung eines MRF aufgrund magnetischer Feldstärkeänderungen $\triangle\vec{H}$. Der Linearmotor besteht aus zwei zylindrischen Modulen innerhalb derer eine Schubstange bewegt werden kann. Ein konzentrisch um die Schubstange gewickelter Elektromagnet, der in jeweils einem MRF-Zylinder gekapselt ist, wird in eine periodische Bewegung versetzt, siehe Abbildungen 5.1 und 5.6. In beiden Zylindern ist eine MRF zwischen Spule und Schubstange installiert. Wird die Spule einer der beiden MRF-Zylinder bestromt, verfestigt sich die MRF, sie wird hochviskos, wodurch sich die Reibung zwischen periodisch bewegtem Zylinder und Schubstange erhöht wird. Die Bewegung des aktivierten Zylinders wird durch die Reibungskraft auf die Schubstange übertragen. Bei periodische Bewegung der MRF-gefüllten Zylinder und phasenverschobener Bestromung der Spulen wird die Schubstange in eine annähernd monotone translatorische Bewegung versetzt.

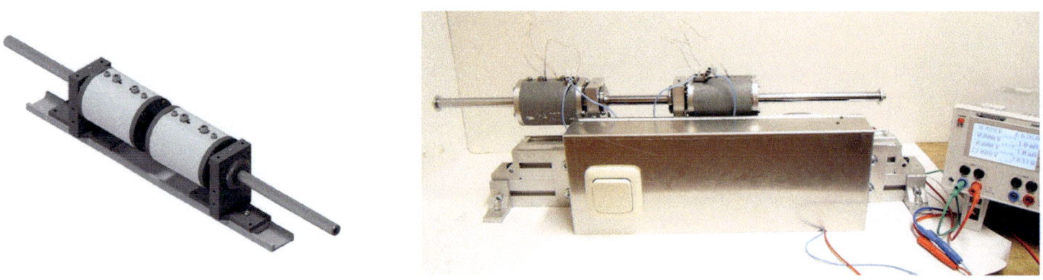

Abbildung 5.6: Translatorischer MRF-basierter Motor - CAD-Zeichnung mit Zylindern und Schubstange (links) und Experimentalaufbau (rechts)

Bemerkung: Die messtechnische Untersuchung und konstruktive Optimierung der beiden vorgestellten Prototypen von MRF-basierten Antriebssystemen ist Gegenstand aktueller und zukünftiger Untersuchungen. Ihre Aufnahme in die Dissertationsschrift mit der Darstellung wesentlicher Entwicklungsschritte war nach Patenterteilung [91] möglich geworden.

6 Zusammenfassung

Verbrennungsmotoren befinden sich gegenwärtig wegen ihres Ausstoßes umweltschädigender Abgase in einem kritischen Fokus der Öffentlichkeit. Auch der an sich mit einem hohen Wirkungsgrad arbeitende Dieselmotor wird wegen seines Partikelausstoßes hinterfragt. Der etablierte Verbrennungsmotor soll durch den lokal umweltneutral arbeitenden Elektromotor ersetzt werden. Nachdem dieser schon bisher für Nebenantriebe im Fahrzeug vom Scheibenwischer bis zur Spiegelverstellung der dominierende Antrieb war, soll er nun auch zum Hauptantrieb werden. Somit werden Fragen der Effizienzsteigerung von elektrischen Antriebsmaschinen zum aktuellen Untersuchungsgegenstand.

Die vorliegende Arbeit untersucht neben der Effizienzsteigerung bisher bekannter elektrischer Antriebsmaschinen auch neue Antriebslösungen basierend auf 'smart materials'. Das Kapitel 3 beschreibt die mathematische Modellbildung einer permanenterregten Synchronmaschine auf dem Abstraktionsniveau eines Taylor-Couette-Systems mittels der Navier-Stokes-Gleichungen für ein zylindrisches System. Betrachtet wird dabei auch die Energiedissipation in Abhängigkeit des Magnetfeldes und der Wärmetransport. Deshalb wurden mittels analytischer und numerischer Methoden am Taylor-Couette-System thermische Berechnung durchgeführt.

Der technisch realisierte Prototypmotor in Kapitel 4 bestätigt die qualitativen Aussagen des mathematischen Modells und den positiven Einfluss magnetischer Fluide auf das Drehmoment, den Wirkungsgrad und den Wärmetransport. Vergleichende experimentelle Untersuchungen in befülltem und unbefülltem Zustand wurden am Prototypmotor durchgeführt. Bei unbefülltem Motor beträgt der Wirkungsgrad maximal $80,5$ %, befüllt liegt dieser bei $87,4$ % bei einen Drehmoment von 3 Nm. Das in den Luftspalt eingebrachte Fluid wirkt sich positiv auf die Wärmeabfuhr aus.

Bei einer konstanten Drehzahl von 500 Umdrehungen pro Minute und schrittweiser Erhöhung des effektiven Strangstromes, stellt sich nach 2 Stunden bei unbefülltem Motor eine Temperatur von 117 °C in der Statornut ein. Bei befülltem Luftspalt sind es nach 2 Stunden nur 95 °C. Weitere Untersuchungen an einer für den Praxiseinsatz optimierten PMSM mit deutlich geringerem Luftspalt sind in einem folgenden Entwicklungsschritt notwendig. Das Kapitel 4.5 zeigt die konstruktiven Defizite des Prototypmotors. Die Abdichtung von ferrofluidunterstützten Systemen gegenüber der Umgebung ist eine generelle und bekannte Herausforderung. Versuche am Prototypmotor zeigen, dass Wellendichtringe mit Gummilippe keine ausreichende Barriere darstellen. In weiteren Entwicklungsschritten könnte das in den Motor eingebrachte magnetische Fluid selbst als Dichtmittel genutzt werden, wie in Kapitel 2.2 beschrieben. Magnetische Flüssigkeiten erschließen immer weiter neue Anwendungsgebiete. Dass diese neuartigen 'smart materials' nicht nur geeignet sind, die Effizienz von bekannten Wirkprinzipien zu steigern, sondern auch Basis für vollkommen neue Antriebssysteme sein können, zeigt Kapitel 5. Aufgrund der deutlich stärkeren Viskositätsänderung eines MRF im Vergleich zum Ferrofluid durch den Einfluss eines Magnetfeldes sind vibrationsbasierte rotatorische und translatorische Antriebssysteme möglich.

Von Ingenieuren wird in erster Linie eine Synthese technischer Lösungen erwartet. Deshalb erschien es sinnvoll, unter Nutzung der zahlreichen Vorarbeiten, das Effizienzsteigerungsproblem von Elektromotoren unter Nutzung von Ferrofluiden unter den Gesichtspunkten der Elektromobilität, der Nachhaltigkeit und des Umweltschutzes erneut aufzugreifen und zu untersuchen. Der heute oft bezeichnete 'neue' Elektromotor als Antrieb ist aus technischer Sicht ein längst bekanntes Antriebssystem. Er wurde bereits in den dreißiger Jahren des 19. Jahrhunderts von Robert Anderson zum Antrieb von Fahrzeugen erstmalig verwendet [1]. Die Wirkprinzipien zu beleuchten und mit Hilfe intelligenter Materialien zu optimieren, dazu diente die vorliegende Arbeit. Die Beiträge in dieser Arbeit können somit in die Elektromobilitätsinitiative der Automobilhersteller eingeordnet werden.

Literaturverzeichnis

[1] Elektroauto - Zurück in die Zukunft. *ZeitONLINE*, 2009. https://www.zeit.de/2009/38/A-Elektroauto/seite-2; upload 15.02.2020.

[2] *DIN EN 10106:2007 Kaltgewalztes nicht kornorientiertes Elektroblech und -band im schlussgeglühten Zustand.* Beuth Publishing DIN, 2016-03.

[3] Volkswagen group components baut neue Lenkung für PPE-Plattform. *360 Grad Braunschweig Rundum Volkswagen - Die Mitarbeiterzeitung für unseren Standort, 09.05.19, S.14*, 2019. www.volkswagen-newsroom.com/de/publikationen/magazine/360-wolfsburg-mai-2019-223; upload 10.02.2020.

[4] Audi Technology Portal, Fahrwerk, Fahrwerkregelsysteme. *Audi magnetic ride*, 2020. https://www.audi-technology-portal.de/de/fahrwerk/fahrwerksregelsysteme/audi-magnetic-ride; upload 31.01.2020.

[5] *Entwicklungsmethodik für mechatronische Systeme, VDI 2206.* Verein Deutscher Ingenieure (VDI), June 2004.

[6] K. Abaza. *Ein Beitrag zur Anwendung der Theorie undulatorischer Lokomotion auf mobile Roboter - Evaluierung theoretischer Ergebnisse an Prototypen.* Disserationsschrift, Universitätsverlag Ilmenau, 2007.

[7] Audi AG. *Flugtaxi.* 2019. https://www.audi.com/de/experience-audi/mobility-and-trends/e-mobility/blue-sky-thinking.html; upload 07.06.2019.

[8] S. Altmeyer. Untersuchungen von komplexen Wirbelströmungen mit Newtonschem Fluid und Ferrofluiden im Taylor-Couette-System. 2011.

[9] O. Ambacher, S. Odenbach, and K. Stierstadt. Rotational viscosity in ferrofluids. *Zeitschrift für Physik B Condensed Matter*, 86(1):29–32, Feb 1992.

[10] J.T. Audren. *Vibration motor with a rotor/stator interface made of shape memory alloy.* Number US 5.747.951. United States Patent, 1989.

[11] Zwitter aus Diesel und Benziner. Der Mazda3 Skyactiv X im Test. *Handelsblatt*, 25. September 2019. https://www.handelsblatt.com/auto/test-technik/neuer-motor-zwitter-aus-diesel-und-benziner-der-mazda3-skyactiv-x-im-test/25053312.html; upload 13.11.2019.

[12] V.G. Bashtovoy, B.M. Berkovsky, and A.N. Vislovich. *Introduction to Thermomechanics of Magnetic Fluids.* Hemisphere Pub. Corp., 1988.

[13] F. Becker, V. Lysenko, V.T Minchenya, I. Zeidis, and K. Zimmermann. An approach to the dynamics of a vibration-driven robot. *RoManSy 19, Paris, 12.-15.06.2012*, pages 299–308, 2013.

[14] T. Becker, V. Boehm, J. Chavez Vega, L. Guenther, S. Odenbach, Y. Raikher, and K. Zimmermann. Magnetic-field controlled mechanical behavior of magnetosensitive elastomers in applications for actuator and sensor systems. *Archive of Applied Mechanics*, published online: 15 October 2018.

[15] Z. Bednarikova, J. Marek, E. Demjen, S. Dutz, M. Mocanu, J.W. Wu, S. Wang, and Z. Gazova. Effect of nanoparticles coated with different modifications of dextran on lysozyme amyloid aggregation. *Journal of Magnetism and Magnetic Materials*, 473:1 – 6, 2019.

[16] B.M. Berkovsky, V.G. Bashtovoy, and M.S. Krakov. Flow and heat transfer under influence of magnetic fluid coatings. *Journal of Magnetism and Magnetic Materials*, 85(1-3):190–195, 1990.

[17] B.M. Berkovsky and V.G. Bashtovoy (Eds.). *Magnetic Fluids and Applications Handbook*. Begell House Inc. Publishers, New York, 1996.

[18] B.M. Berkovsky, V.F. Medvedev, and M.S. Krakov. *Magnetic Fluids: Engineering Applications*. Oxford University Press, Oxford, New York, 1993.

[19] N.N. Bogolubov and Y.A. Mitropolski. *Asymptotic methods in the theory of nonlinear oscillations*. Gordon and Breach Science, New York, 1961.

[20] W. Bohl. *Technische Stroemungslehre*. Vogel Verlag, Berlin, 2005.

[21] W. Bohl and W. Elmendorf. *Technische Ströemungslehre*. Vogel Business Media, 2014.

[22] H. Bönnemann, W. Brijoux, R. Brinkmann, N. Matoussevitch, N. Waldöfner, N. Palina, and H. Modrow. A size-selective synthesis of air stable colloidal magnetic cobalt nanoparticles. *Inorganica Chimica Acta*, 350:617–624, 2003.

[23] J David Carlson and Mark R Jolly. MR fluid, foam and elastomer devices. *Mechatronics*, (10):555–569, 2000.

[24] J. H. Chavez Vega. Investigations on electrical conducting magnetic hybrid materials for sensor and actuator systems. Master-thesis, TU Ilmenau, 2016.

[25] M. Eigner, T. Dickopf, and H. Apostolov. Interdisziplinäre Konstruktionsmethoden und -prozesse zur Entwicklung cybertronischer Produkte-Teil 1. *Konstruktion*, 11/12 2018:84–90, 2018.

[26] T. Gelbrich, M. Feyen, and A. Schmidt. Magnetic thermoresponsive core-shell nanoparticles. *Macromolecules*, 39:3469–3472, 05 2006.

[27] S. Genc. *Heat Transfer of Ferrofluids*. IntechOpen, 2017. https://www.intechopen.com/books/nanofluid-heat-and-mass-transfer-in-engineering-problems/heat-transfer-of-ferrofluids.

[28] T. Götze, N. Buske, and C. Gansau. Verfahren zur Herstellung von magnetischen Nanoteilchen, 2003.

[29] C. Greiner-Petter, T. Suryadi Aditya, and T. Sattel. A semi-active magnetorheological fluid mechanism with variable stiffness and damping. *Smart Mat. Structures*, 23(115008 10pp)), 2014.

[30] B. Hegde and N.S. Dinesh. *Design, development and characterization of variable reluctance ferrofluid pump.* Microsystem Technologies, 2017.

[31] R.R. Hiremath and T.B. Isha. Modelling and simulation of electric power steering system using permanent magnet synchronous motor. *IOP Conference Series: Materials Science and Engineering*, 561:012124, 2019.

[32] C. Holm and J.-J. Weis. The structure of ferrofluids: A status report. *Current Opinion in Colloid and Interface Science*, 10(3):133 – 140, 2005.

[33] G. Hu, F. Liu, and et al. Xie, Z. *Design, analysis and experimental evaluation of a double coil magnetorheological fluid damper.* Shock and Vibration, 2016.

[34] Jianjun Huang. *Modellierung, Simulation und Entwurf biomimetischer Roboter basierend auf apedaler undulatorischer Lokomotion.* Disserationsschrift, Technische Universität Ilmenau, 2002.

[35] VW investiert 30 Milliarden Euro in Elektroautos. *Manager Magazin*, 19. November 2018. https://www.manager-magazin.de/unternehmen/autoindustrie/volkswagen-aufsichtsrat-entscheidet-milliardeninvestitionen-in-emobility-a-1238755.html; upload 13.11.2019.

[36] H. Jelden, P. Lück, G. Kruse, and Jo. Tousen. *Der elektrische Antriebsbaukasten von Volkswagen*, pages 84–93. Springer Fachmedien Wiesbaden, Wiesbaden, 2015.

[37] A. Judge. Air gap elimination in permanent magnet machines. page 157 p., 2012.

[38] E. Kallenbach, R. Eick, T. Ströhla, K. Feindt, M. Kallenbach, and O. Radler. *Elektromagnete, 5. Auflage.* Springer Vieweg, 2018.

[39] T. Kaufhold, V. Böhm, I. Zeidis, and K. Zimmermann. An approach to magnetically actuated miniaturized compliant locomotion systems. In *58th Ilmenau Scientific Colloquium, 11-15 September, 2017*, page 5 p., 2014.

[40] K. Kim, Z. Chen, and et al. Yu, D. *Design and experiments of a noval magneto-rheological damper featuring biflod flow mode.* Smart Materials and Structures, 2016.

[41] W. Krause. *Grundlagen der Konstruktion für Feinwerk- und Elektrotechniker.* Springer Verlag, Wien,New York, 1984.

[42] M. Kroell, M. Pridoehl, G. Zimmermann, L. Pop, S. Odenbach, and A. Hartwig. Magnetic and rheological characterization of novel ferrofluids. *Journal of Magnetism and Magnetic Materials*, 289:21–24, 2005.

[43] M Kubík, D Pavlíček, O Macháček, Z Strecker, and J Roupec. A magnetorheological fluid shaft seal with low friction torque. *Smart Materials and Structures*, 28(4):047002, mar 2019.

[44] L.D. Landau and E.M. Lifschitz. *Lehrbuch der theoretischen Physik, Band VI: Hydrodynamik.* Akademie-Verlag, Berlin, 1966.

[45] Y.X. Liu, L.Y. Li, J.W. Cao, Q.H. Gao, Z.Y. Sun, and J.P. Zhang. *The Optimization Design of Short-Term High-Overload Permanent Magnet Motors Considering the Nonlinear Saturation.* Energies, 11(12) 3272, 2018. https://doi.org/10.3390/en11123272.

[46] V. Lysenko and K. Zimmermann. New procedure for designing optimised technical systems with use of biological objects. *1st Intern. Conf. on Design and Nature, Udine, Sept. 2002*, pages 115–122, 2002.

[47] T. Mahr and I. Rehberg. Nonlinear dynamics of a single ferrofluid-peak in an oscillating magnetic field. *Physica D: Nonlinear Phenomena*, 111(1):335 – 346, 1998.

[48] M.A. Martsenyuk and M.I. Raikher, Yu.L. Shliomis. Disintegration of an arbitrary discontinuity in a conducting medium. *Soviet Physics: Journal of Experimental and Theoretical Physics*, 38(2):413–416, 1974.

[49] Saiful Amri Bin Mazlan. *The behaviour of magnetorheological flids in squeeze mode*. PhD-thesis, School of Mechanical and Manufacturing Engineering, Faculty of Engineering and Computing, Dublin City University, 2008.

[50] T. Mitkova. Lösbarkeit eines mathematischen modells für dichtungen mit magnetischen flüssigkeiten. *Technische Mechanik*, 20(3):283–293, 2000.

[51] V.A. Naletova and G.A. Shaposhnikova. Disintegration of an arbitrary discontinuity in a conducting medium. *Prikladnaja Mathematika i Mechanika*, 40(5):865–875, 1976.

[52] A. Nethe. *Ferrofluidunterstützte Elektromotoren und Aktuatoren*. Verlag Dr. Koester, Berlin, 2006.

[53] A. Nethe, T. Scholz, and H. Stahlmann. Improving the efficiency of electric machines using ferrofluids. *J. of Phys.: Condensed Matter*, 18(38):S2973–S2998, 2006.

[54] A. Nethe and H.-D. Stahlmann. Remarks on the interaction between magnetic core coils in the presence of magnetic fluids. *Journal of Magnetism and Magnetic Materials*, 189(2):255–262, 1998.

[55] N. Niklas, H. Müller-Krumbhaar, and M. Lücke. Taylor-vortex flow of ferrofluids in the presence of general magnetic fields. *Journal of Magnetism and Magnetic Materials*, 81(1):29 – 38, 1989.

[56] S. Odenbach. Forced diffusion in magnetic fluids under the influence of a strong magnetic field gradient. *Zeitschrift für Physik B Condensed Matter*, 94(3):331–334, 1994.

[57] S. Odenbach. *Magnetoviscous effects in ferrofluids*. Springer -Verlag Berlin Heidelberg, 2002.

[58] S. Odenbach. *Colloidal Magnetic Fluids.* Springer Verlag, Berlin, 2009.

[59] S. Odenbach and S. Thurm. Magnetoviscous effects in ferrofluids. In: Ferrofluids: Magnetically controllable fluids and their applications, Springer Verlag. pages 185–201, 2002.

[60] T. Okuno and H. Seki. *Linear vibration wave motors.* Number US 4.672.256. United States Patent, 1987.

[61] S. S. Papell. Low viscosity magnetic fluid obtained by the colloidal suspension of magnetic particles. Patent, November 1965. US 3 215 572 B1.

[62] J. Park, G.H. Yoon, and J.W. Kang. *Design and control of a prosthetic leg for above-knee amputees operated in semi-active modes.* Smart Materials and Structures 25: 085009, 2016.

[63] D. Pflueckhahn. *Shaft Seal Systems of Rotary Equipment in Cryogenic Plants.* Energies, 11(12) 3272, United States, 3 2017. https://doi.org/10.3390/en11123272.

[64] J. Popp. *Theoretical and Experimental Investigations of Ferrofluids Focusing on Locomotion Systems.* Dissertation, TU Ilmenau, Fakultät für Maschinenbau, 2012.

[65] A. Raju, Cho S., and M. Ferdaus. A state of art on magneto-rheological materials and their potential applications. *Journal of Intelligent Material Systems and Structures*, 29(10):2051–2095, 2018.

[66] C.M. Redman. *Ferrofluidic elctrical generator.* Patent US 4064409 A, 1977.

[67] M. Rohn. *Entwicklung eines Antriebssystems basierend auf einer magnetorheologischen Flüssigkeit - Modellbildung, Simulation und experimentelle Ergebnisverifizierung am Prototyp.* Master-Arbeit, TU Ilmenau, 2019.

[68] R.E. Rosensweig. *Ferrohydrodynamics.* Cambridge University Press, Cambridge, 1985.

[69] A. Ryskin, H. Müller, and H. Pleiner. Thermodiffusion effects in convection of ferrofluids. *Magnetohydrodynamics*, 39:51–56, 03 2003.

[70] Airbus S.A.S. *Flugtaxi.* 2019. https://www.tagesschau.de/wirtschaft/airbus-emissionen-entwicklung-101.html; upload 29.05.2019.

[71] D. Schnack. *Lectures in Magnetohydrodynamics.* Springer Verlag, Berlin, 2009.

[72] D. Schramm and M. Koppers. *Das Automobil im Jahr 2025.* Springer Vieweg, Wiesbaden, 2014.

[73] R.K. Shah and S. Khandekar. *Exploring ferrofluids for heat transfer augmentation.* Journal of Magnetism and Magnetic Materials, vol. 475, p. 389-400, 2019.

[74] M.I. Shliomis. Hydrodynamics of a liquid with intrinsic rotation. *Soviet Physics JETP*, 24(1):173–177, 1967.

[75] M.I. Shliomis. Effective viscosity of magnetic suspensions. *Soviet Physics JETP*, 34(6):1291–1294, 1972.

[76] J.W. Sohn, J.S. Oh, and S.B. Choi. *Design and novel type of a magnetorheological damper featuring piston bypass hole.* Smart Materials and Structures, 2015.

[77] A. Specht. *Ermittlung der Rotortemperatur einer Synchronmaschine mit eingebetteten Permanentmagneten für einen automobilen Transaktionsantrieb mittels Beobachter basierend auf elektrischen Grössen.* Dissertation, Paderborn, 2014.

[78] R. Steinmeier, F. Becker, L. Guenther, L. Lysenko, V. Minchenya, I. Zeidis, and K. Zimmermann. Approaches to the application of magnetic fluids in electromechanical drive systems. In *59th Ilmenau Scientific Colloquium, 11-15 September, 2017*, page 13 p., 2017.

[79] R. Steinmeier, I. Zeidis, and K. Zimmermann. To the influence of magnetic fluids on thermal and mechanical behavior of electric drive systems. *Proceedings of MECHANICS 2016*, pages 117–126, 2016.

[80] E. Truckenbrodt. *Fluidmechanik Band 1.* Springer Verlag, Berlin, 2005.

[81] E. Uhlmann, G. Spur, N. Bayat, and R. Patzwald. Application of magnetic fluids in tribotechnical systems. *Journal of Magnetism and Magnetic Materials*, 252:336–340, 11 2002.

[82] Krebs und Aulich GmbH. Abschlussbericht zum Motorentwicklungsauftrag der Firma Volkswagen AG. 2015.

[83] Verlag VDI. *VDI Waermeatlas.* VDI Verlag, Berlin, 2005.

[84] T. Volkova, V. Böhm, V.A. Naletova, T. Kaufhold, F. Becker, I. Zeidis, and K. Zimmermann. *A ferrofluid based artifical tactile sensor with magnetic field control.* Journal of Magnetism and Magnetic Materials, vol. 431, p. 277-280, 2017.

[85] T.I. Volkova, V. Böhm, T. Kaufhold, J. Popp, F. Becker, D.Yu. Borin, G.V. Stepanov, and K. Zimmermann. Motion behaviour of magneto-sensitive elastomers controlled by an external magnetic field for sensor applications. *Journal of Magnetism and Magnetic Materials*, 431:262–265, 2017.

[86] T. Weser and K. Stierstadt. Discrete particle size distribution in ferrofluids. *Zeitschrift für Physik B Condensed Matter*, 59(3):253–256, 1985.

[87] A. Wiehe, S. Kern, and J. Maas. Rotatorischer mrf-Aktor für einen Türassistenten. *Automatisierungstechnik*, 56(3):155–164, 2008.

[88] K. Wierzcholski and A. Miszczak. *Electro-magneto-hydrodynamic lubrication.* Open Phys. 16:285-291, 2018.

[89] C. Wolff. Elektrorheologische Flüssigkeiten-Neue Möglichkeiten in der Hydraulik. *Fluidtechnik für den Maschinen- und Anlagenbau*, 8(5), 1994.

[90] J. Yao, J. Jang, and D. Li. *A noval magnetic fluid shock absorber with levitating magnets.* Journal of Vibroengineering, Vol. 19, p. 28-37, 2017.

[91] K. Zimmermann, V. Lysenko, L. Günther, and F. Becker. *Vorrichtung, System und Verfahren zur Erzeugung einer überwiegend gleichgerichteten translatorischen oder rotatorischen Bewegung.* Number DE 10 2018 121 831 A1. Deutsches Marken- und Patentamt, 07.03.2019, 2019.

[92] K Zimmermann, I Zeidis, and C Behn. *Mechanics of terrestrial locomotion with a focus on nonpedal motion systems.* Springer, Heidelberg, 2009.

[93] K. Zimmermann, I. Zeidis, V. Böhm, S. Greiser, and J. Popp. Ferrofluid-based flow manipulation and locomotion systems. *Journal of Intelligent Material Systems and Structures*, 21:1559–1562, 2010.

[94] K. Zimmermann, I. Zeidis, Huang Jianjun, and J. Steigenberger. An approach to the modelling of worm-like motion systems with finite degree of freedom - first steps in technical realization. *Proc. of the 4th Int. Conf. on Climbing and Walking Robots (CLAWAR 2001), Karlsruhe, 2001*, pages 561–568, 2001.

[95] K. Zimmermann, I. Zeidis, V.A. Naletova, V.A. Turkov, and V.E. Bachurin. Locomotion based on a two-layers flow of magnetizable nanosuspensions. *Journal of Magnetism and Magnetic Materials*, 290-291:808 – 810, 2005. Proceedings of the Joint European Magnetic Symposia (JEMS' 04).

[96] F. Zschunke. *Aktoren auf Basis des magnetorheologischen Effekts.* Dissertation, Universität Erlangen-Nürnberg, 2005.